深度学习在水土保持中的研究与应用

珠江水利委员会珠江水利科学研究院
珠江水利委员会珠江流域水土保持监测中心站
黄俊　李浩　著

中国水利水电出版社
www.waterpub.com.cn
·北京·

内 容 提 要

本书从实际工作需求出发，基于深度学习理论和计算机图像处理技术，探讨了深度学习在水土保持工作中的应用，详细介绍了卷积神经网络模型在生产建设项目扰动图斑智能解译提取中的应用及系统开发。第1章介绍了深度学习与人工智能关系及其发展、深度神经网络分类、深度学习框架以及深度学习应用领域；第2章分析了水土保持监测及其信息化工作现状，探讨了深度学习技术在水土保持监测中的应用；第3章以生产建设项目扰动图斑智能解译提取为例，就如何构建扰动图斑智能解译深度学习模型进行了详细探讨和分析；第4章借助 OpenCV 和 OSGEO 开源 API 探索了扰动图斑边界自动矢量化方法；第5章就扰动图斑智能解译提取关键技术单机版和云服务版的集成开发进行了详细论述。

本书适合从事水土保持监测与监督管理、遥感与地理信息等相关专业的学生、研究人员与开发人员阅读与参考。

图书在版编目（ＣＩＰ）数据

深度学习在水土保持中的研究与应用 / 黄俊，李浩著. -- 北京：中国水利水电出版社，2023.12
ISBN 978-7-5226-1587-5

Ⅰ. ①深… Ⅱ. ①黄… ②李… Ⅲ. ①机器学习－应用－水土保持－研究 Ⅳ. ①S157

中国国家版本馆CIP数据核字（2023）第115202号

书　　名	**深度学习在水土保持中的研究与应用** SHENDU XUEXI ZAI SHUITU BAOCHI ZHONG DE YANJIU YU YINGYONG	
作　　者	黄俊　李浩　著	
出版发行	中国水利水电出版社 （北京市海淀区玉渊潭南路1号D座　100038） 网址：www. waterpub. com. cn E - mail：sales@mwr. gov. cn 电话：（010）68545888（营销中心）	
经　　售	北京科水图书销售有限公司 电话：（010）68545874、63202643 全国各地新华书店和相关出版物销售网点	
排　　版	中国水利水电出版社微机排版中心	
印　　刷	清淞永业（天津）印刷有限公司	
规　　格	184mm×260mm　16开本　9.25印张　225千字	
版　　次	2023年12月第1版　2023年12月第1次印刷	
印　　数	0001—1000册	
定　　价	**88.00元**	

前 言
QianYan

　　水土保持监测是对水土流失发生发展与危害，以及水土保持效益进行调查观测、规律研究和计算分析的工作，以摸清水土流失类型、土壤侵蚀强度、水土流失分布特点、水土流失规律及水土流失危害与影响等。目前水土保持监测工作虽已采用卫星遥感等新技术以大幅提升工作效率，但水土流失点多面广、监测监管任务重难度大的总体格局依然存在，常规技术手段无法实现全覆盖、精准化监测监管，还需大量人力开展基础性工作，包括水土保持对象解译、水土流失现场调查等，与新时代水土保持高质量发展要求存在明显差距。随着大数据、人工智能技术的兴起，深度学习在多个领域取得重大突破。在计算机视觉领域，深度学习可以实现准确的图像分类、目标检测和图像生成等任务；在自然语言处理领域，深度学习可以实现机器翻译、语言生成和情感分析等任务。此外，深度学习还在医学图像分析、自动驾驶和天气预测等领域展示了巨大潜力。与此同时，深度学习也渐渐在水利行业落脚生根，尤其是在水土保持关键对象智能化解译方面取得了一定的成果。

　　依托水利部技术示范项目"生产建设项目水土保持多源信息一体化监管技术（SF－202207）"、广东省水利厅水利科技创新项目"CSLE 方程 B 因子多时空尺度研究及其在广东省水土流失监测中的应用（2020－25）"、贵州省水利科技经费项目"遥感大数据和AI 智能识别技术在贵州省水土保持监管中的示范应用（KT202004）"、珠江水利科学研究院自立项目"人为水土流失风险预警模型研发与技术应用（2022YF021）"等科研生产项目，作者团队开展了人工智能深度学习技术在水土保持工作中的应用探索，先后发表学术论文 10 余篇，授权发明专利和软件著作权 5 项，对相关成果进行凝练总结形成本书，以期为相关领域工作人员提供参考。

　　总体而言深度学习在水土保持领域的研究与应用仍处于起步和探索阶段，诸多研究工作仍需要进一步加强，加之作者水平有限，书中如有不妥之处敬请批评指正。本书参考引用了部分已有研究成果，在此对相关作者表示感谢。

作　者

2023 年 5 月

目 录 ➤ *Mu Lu*

第1章 深度学习概述

1.1 深度学习与人工智能

人工智能（Artificial Intelligence，AI）属于计算机科学的一个分支，是研究、开发用于模拟、延伸和扩展人类智能的理论、方法、技术及应用系统的一门新技术科学。1950年，Marvin Minsky 与其同学 Dean Edmonds 一起建造了世界上第一台神经网络计算机 SNARC（Stochastic Neural Analog Reinforcement Calculator），这也被认为是人工智能的一个起点。同年，计算机之父 Alan Mathison Turing 提出了著名的图灵测试：如果一台机器能够与人类开展对话而不被辨别出机器身份，那么这台机器就具有人类水平的智能。人工智能是关于知识的学科——怎样表示知识以及怎样获得知识并使用知识的学科，它涉及心理学、认知科学、思维科学、信息科学、系统科学和生物科学等。人工智能企图了解智能的实质，并生产出一种新的能以人类智能相似的方式做出反应的智能机器，研究领域包括知识处理、语音识别、图像识别、自然语言处理、智能机器和专家系统等。图1-1为人工智能、机器学习和深度学习关系及发展历史。

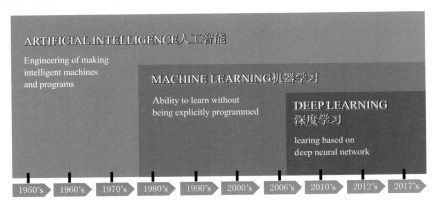

图1-1 深度学习、机器学习和人工智能关系*
注 图片来源于 Edureka 博客：What is deep learning，略有改动。

机器学习（Maching Learning，ML）是人工智能的子类，是研究如何使用计算机模拟或实现人类的学习活动。机器学习是一类算法的总称，这些算法企图从大量历史数据中挖掘出其中隐含规律，并用于数据的预测、分类等。机器学习是一门多领域交叉学科，涉及概率论、统计学、逼近论、凸分析、算法复杂度等，专门研究计算机如何模拟或实现人类的学习行为，以获取新知识或技能，重新组织已有知识结构以不断改善提升自身性能。人工智能的重要特征之一在于自主学习，也是获得知识的基本手段，而机器学习也是使计算机具有智能的重要途径。机器学习使用算法来解析数据、从中学习，然后对真实世界中的事件做出决策或预测，其目的是使学到的函数能够很好地适用于"新样本"，而不仅是在训练样本上表现优异。与传统的为解决特定任务、硬编码的软件程序不同，机器学习采用大量数据"训练"模型，通过各种算法从数据中学习如何完成任务。决策树（Decision Tree）、聚类（Clustering）、贝叶斯分类（Bayesian Classification）、支持向量机（Support Vector Machine）、最大期望算法（Expectation Maximization）、逐步增强算法（Adaptive Boosting）等是机器学习的常用算法。按照学习方法，机器学习算法又分为监督学习、无监督学习、半监督学习、集成学习、深度学习和强化学习等。机器学习的本质就是设计一个算法模型用于处理数据，并输出预期结果，通过对算法及关键参数的不断调优，形成更为精确的数据处理及结果输出能力。

深度学习（Deep Learning，DL）是机器学习领域的一个重要研究方向，它被引入机器学习使其更接近于最初的目标——人工智能。2013 年，《麻省理工学院技术评论》（*MIT Technology Review*）杂志将深度学习列为 2013 年十大突破性技术之首。深度学习是学习样本数据的内在规律和表示层次，最终目标是让机器能够像人一样具有分析学习能力。因深度学习在很多复杂模式识别上表现出的优异性能，使得深度学习及其相关技术在搜索技术、数据挖掘、机器学习、机器翻译、自然语言处理、多媒体学习等多领域得到广泛应用。人工神经网络（Artificial Neural Networks，ANN）是深度学习的优秀代表，是一种模仿动物神经网络行为特征，进行分布式并行信息处理的算法数学模型。卷积神经网络（Convolutional Neural Networks，CNN）是一类包含卷积计算且具有深度结构的前馈神经网络（Feedforward Neural Networks），是深度学习代表算法之一。

1.2　深度学习发展

深度学习随人工智能与神经科学快速发展而兴起，但受到样本数据量和计算能力等限制，深度学习在发展前期受到极大限制。近年来，随着互联网普及与快速发展，产生和收集大规模、高维度样本数据逐渐变得更加容易，为深度学习提供了海量且多样化的数据基础。此外，图形处理器（GPU）和专用神经网络硬件（如 Tensor Processing Unit，TPU）等技术的飞速发展，为深度学习提供了强有力的算力支撑。加之，学者们提出了一系列先进的深度学习算法模型，不断突破深度神经网络瓶颈，使得深度学习的应用成为可能，且应用场景日趋丰富。

1943 年，心理学家 Warren McCulloch 和数学家 Walter Pitts 提出了一种名为 McCulloch - Pitts 神经元的数学模型（M-P 模型），该模型被认为是神经网络起源之一，对于后来神经网络模型的发展具有重要意义，为后来多层神经网络模型奠定了基础。McCulloch - Pitts 神经元模型的输入可以是二进制的 0 或者 1，且每个输入信号都有对应的权重值，将各输入信号与对应的权重值相乘并求和，求和值经过激活函数处理后输出为 0 或者 1 等特定数值。图 1-2 为一个典型的三输入单输出的 M-P 模型。

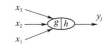

图 1-2　一个典型的
三输入单输出的
M-P 模型

1956 年在美国汉诺斯小镇召开的达特茅斯会议让"人工智能（Artificial Intelligence，AI）"一词走入人们视野，也标志着

"人工智能"这一概念的诞生。1957 年，心理学家 Frank Rosenblatt 提出了感知器模型（Perceptron），这是第一个被广泛使用的神经网络模型。图 1-3 是一个典型的感知器模型结构图。感知器模型的出现是为了解决二分类问题，特别是对于线性二分类问题感知器能够保证模型收敛且找到最终解。尽管感知器模型在解决复杂问题方面仍有较大局限性，但极大促进了后来更复杂神经网络体系的研究。此后，由于计算性能不足导致很多算法程序难以在人工智能领域开展应用，加上早期人工智能主要解决特定问题，对于高维度复杂问题难以应对，且没有足够

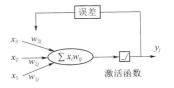

图 1-3 一个典型的感知器模型结构

海量的样本数据支撑深度学习，导致人工智能在很长一段时间呈现停滞不前的状态。

1969 年，Minsky 指出单层感知器模型无法解决异或 XOR 问题，现阶段人工神经网络模型特征层是固定的，与真正的智能机器初衷相悖。1980 年，卡内基梅隆大学基于人工智能程序系统，为美国数字设备公司（Digital Equipment Corporation）设计了 XCON 专家系统。XCON 专家系统采用"知识库＋推理机"的组合方式，形成一套具有完整专业知识和经验的计算机智能系统。此后一段时间，学者开始就神经网络中梯度消失的问题进行研究，新的神经网络结构与算法不断涌现用于解决此类问题。1982 年，符号学家 John Hopfield 提出了一种全连接型反馈动态神经网络（Hopfield Neural Network，HNN），用于解决模式识别和优化问题。HNN 分为离散型和连续型两种网络模型，其主要限制在模型存储容量有限，且对噪声和模式的扰动十分敏感。1986 年，Hinton 等提出新一代神经网络，使用多个隐含层代替单一固定的特征层，使用 Sigmoid 激活函数和误差反向传播算法训练模型，在解决非线性分类问题上表现了优异的结果。Cybenko、Hornik 等研究表明：三层神经网络模型可以任意精度逼近任何函数，为神经网络模型广泛应用奠定了理论基础。1997 年，德国计算机科学家 Hochreiter 和 Schmidhuber 提出了一种用于解决长期依赖问题的神经网络——长短期记忆网络（Long Short-Term Memory，LSTM）。在循环神经网络（Recurrent Neural Network，RNN）中，当序列较长时网络难以有效捕捉到远距离依赖关系而出现梯度消失的问题，导致 RNN 难以胜任语言处理、机器翻译等复杂任务。

2000 年以来，随着计算能力的飞速提升和海量样本数据的可获得性，深度学习再次迎来飞速发展的新阶段。Hinton 和 Salakhutdinov 提出了一种无监督学习的深度信念网络（Deep Belief Network，DBN），也是深度学习的最早应用之一。DBN 由多个堆叠的受限玻尔兹曼机（Restricted Boltzmann Machines，RBM）组成。每个 RBM 都是一种概率图模型，用于对特征或隐藏变量之间的联合分布进行建模。ReLU 激活函数的提出有效解决了深度学习模型训练过程中梯度消失的问题，为推动深度学习模型应用起到了重要作用。微软和谷歌采用深度学习将语音识别错误率降低至 20％～30％，是深度学习领域近十年的重大突破。2012 年，卷积神经网络（Convolutional Neural Networks，CNN）模型在国际图像识别大赛 ImageNet 中取得了令人瞩目的成绩，ImageNet 图片分类问题的 Top5 错误率由 26％降低至 15％。此后深度学习进入了新的快速发展阶段，在人脸识别、语音识别、自然语言处理、机器翻译和图像识别等领域得到广泛应用，成为计算机科学、

人工智能、信息科学等领域最活跃的研究方向之一。

1.3　深度神经网络分类

深度学习网络包含大量神经元，每个神经元与其他神经元相连接，神经元间的连接权值在训练过程中不断修正以持续优化网络性能。深度神经网络（Deep Neural Networks，DNN）有多个单层非线性网络堆叠形成。按照编码解码情况单层网络一般分为：只包含编码器部分、只包含解码器部分、既有编码器部分也有解码器部分。按照误差的传播方向，深度神经网络可分为以下 3 类，如图 1-4 所示。

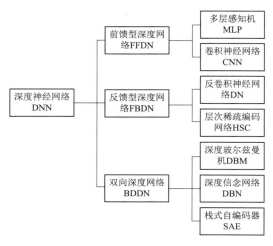

图 1-4　深度神经网络分类结构

（1）前馈型深度网络（Feed - Forward Deep Networks，FFDN），由多个编码器叠加而成，信息沿一个方向从输入单元通过隐含层到达输出单元，网络没有封闭环路。多层感知机（Multi - layer Perceptrons，MLP）、卷 积 神 经 网 络（Convolutional Neural Networks，CNN）是前馈型深度网络的代表。

（2）反馈型深度网络（Feed - Back Deep Networks，FBDN），由多个解码器层叠加而成，神经元可以接收其他神经元信号，也可以接收自己的反馈信号，与前馈型相比反馈型网络中神经元具有记忆功能，在不同时刻具有不同的状态。反卷积网络（Deconvolutional Networks，DN）、层次稀疏编码网络（Hierarchical Sparse Coding，HSC）是常见的反馈型深度网络。

（3）双向深度网络（Bi - Directional Deep Networks，BDDN），由多个编码器层和解码器层叠加组成（每层可能是单独的编码过程或解码过程，也可能既包含编码过程也包含解码过程），双向深度网络结合了前馈型和反馈型深度网络的训练方法，通常包括单层网络的预训练和逐层反向迭代误差 2 个部分。BDDN 有深度玻尔兹曼机（Deep Boltzmann Machines，DBM）、深度信念网络（Deep Belief Networks，DBN）、栈式自编码器（Stacked Auto - Encoders，SAE）等。

下面以前馈型神经网络、卷积神经网络、循环神经网络和深度生成模型网为例详细介绍下深度学习网络模型。

1.3.1　前馈型神经网络

前馈型神经网络（Feedforward Neural Network，FNN）是较早发明的人工神经网络，也是最基本的神经网络模型。前馈神经网络中的各神经元分别属于不同的层，每一层的神经元（节点）可以接收前一层神经元（节点）的信号输入，并产生信号输出到下一层。整体网络架构由输入层、隐含层和输出层组成，网络中的数据流由输入层向输出层单向传播，可用一个有向无环图表示。前馈神经网络多用于分类和回归问题，其中分类问题通常使用 softmax 激活函数，回归问题则使用 sigmoid 或 relu 激活函数。前馈神经网络最大的缺点是无长期记忆能力，不能处理长序列数据等复杂任务。图 1-5 是一个有 2 个输入、1 个输出、2 个隐含层、8 个神经元节点的典型前馈型神经网络架构。

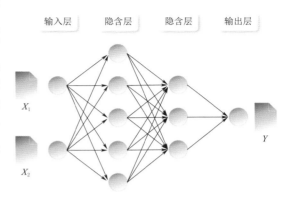

图 1-5　一个典型前馈神经网络架构

1.3.2　卷积神经网络

卷积神经网络（Convolutional Neural Network，CNN）是一类特殊的神经网络，相比于全连接神经网络由于其增加了卷积层和池化层，可大大减少模型参与训练的参数量，且能够提取从局部到全局不同尺度数据特征，从而达到更好的特征识别效果。由于其良好的特征提取和分析能力，卷积神经网络模型在处理图像、语音、视频等方面具有广泛应用前景。图 1-6 是一个包含 13 个卷积层和 3 个全连接层的典型卷积神经网络架构，输入图像大小为 256×256×3。

输入图像（大小256×256×3）Input Image（Scale256 × 256 × 3）	
卷积层1 ConvL 1	卷积核3×3,通道数64,步长1,激活函数Relu,输出大小256×256×64 ConvK=3 × 3. Channels=64. Strides=1. AF=Relu. Output scale=256 × 256 × 64
批标准化层 BatSL	参数值默认,输出大小256×256×64 Default parameter value. Output scale=256 × 256 × 64
卷积层2 ConvL 2	参数与卷积层1相同,输出大小256×256×64 Parameters are the same as 'ConvL 1'. Output scale=256 × 256 × 64
批标准化层 BatSL	参数值默认,输出大小256×256×64 Default parameter value. Output scale=256 × 256 × 64
最大池化层1 MaxPL 1	池化窗口2×2,步长2,填充方式valid Pool Size=2 × 2. Strides=2. Padding=valid
卷积层3 ConvL 3	卷积核3×3,通道数128,步长1,激活函数Relu,输出大小128×128×128 ConvK=3 × 3. Channels=128. Strides=1. AF=Relu. Output scale=128 × 128 × 128
批标准化层 BatSL	参数值默认,输出大小128×128×128 Default parameter value. Output scale=128 × 128 × 128
卷积层4 ConvL 4	参数与卷积层3相同,输出大小128×128×128 Parameters are the same as 'ConvL 3'. Output scale=128 × 128 × 128
批标准化层 BatSL	参数值默认,输出大小128×128×128 Default parameter value. Output scale=128 × 128 × 128
最大池化层2 MaxPL 2	参数同最大池化层1,输出大小64×64×128 Parameters are the same as 'MaxPL 1'. Output scale=64 × 64 × 128
卷积层5 ConvL 5	卷积核3×3,通道数256,步长1,激活函数Relu,输出大小64×64×256 ConvK=3 × 3. Channels=256. Strides=1. AF=Relu. Output scale=64 × 64 × 256
批标准化层 BatSL	参数值默认,输出大小64×64×256 Default parameter value. Output scale=64 × 64 × 256
卷积层6 ConvL 6	参数与卷积层5相同,输出大小64×64×256 Parameters are the same as 'ConvL 5'. Output scale=64 × 64 × 256
批标准化层 BatSL	参数值默认,输出大小64×64×256 Default parameter value. Output scale=64 × 64 × 256
卷积层7 ConvL 7	参数与卷积层5相同,输出大小64×64×256 Parameters are the same as 'ConvL 5'. Output scale=64 × 64 × 256
批标准化层 BatSL	参数值默认,输出大小64×64×256 Default parameter value. Output scale=64 × 64 × 256
最大池化层3 MaxPL 3	参数同最大池化层1,输出大小32×32×256 Parameters are the same as 'MaxPL 1'. Output scale=32 × 32 × 256
卷积层8 ConvL 8	卷积核3×3,通道数512,步长1,激活函数Relu,输出大小32×32×512 ConvK=3 × 3. Channels=512,Strides=1. AF=Relu,Output scale=32 × 32 × 512
批标准化层 BatSL	参数值默认,Output scale=32 × 32 × 512
卷积层9 ConvL 9	参数与卷积层8相同,输出大小32×32×512 Parameters are the same as 'ConvL 8'. Output scale=32 × 32 × 512
批标准化层 BatSL	参数值默认,输出大小32×32×512 Default parameter value. Output scale=32 × 32 × 512
卷积层10 ConvL 10	参数与卷积层8相同,输出大小32×32×512 Parameters are the same as 'ConvL 8'. Output scale=32 × 32 × 512
最大池化层3 MaxPL 3	参数同最大池化层1,输出大小16×16×512 Parameters are the same as 'MaxPL 1'. Output scale=16 × 16 × 512
卷积层11 ConvL 11	参数与卷积层8相同,输出大小16×16×512 Parameters are the same as 'ConvL 8'. Output scale=16 × 16 × 512
批标准化层 BatSL	参数值默认,输出大小16×16×512 Default parameter value. Output scale=16 × 16 × 512
卷积层12 ConvL 12	参数与卷积层8相同,输出大小16×16×512 Parameters are the same as 'ConvL 8'. Output scale=16 × 16 × 512
批标准化层 BatSL	参数值默认,输出大小16×16×512 Default parameter value. Output scale=16 × 16 × 512
卷积层13 ConvL 13	参数与卷积层8相同,输出大小16×16×512 Parameters are the same as 'ConvL 8'. Output scale=16 × 16 × 512
最大池化层3 MaxPL 3	参数同最大池化层1,输出大小8×8×512 Parameters are the same as 'MaxPL 1'. Output scale=8 × 8 × 512
全局平均池化层 	全局平均池化层,参数值默认,输出大小1×512 Global average pooling layer. Default parameter value. Output scale=1 × 512
全连接层1 FullCL 1	神经元节点1024,激活函数Relu,输出大小1×1024 Neuron nodes=1024. AF=Relu. Output scale=1 × 1024
Dropout层 Dropout Layer	丢弃率0.5,其他参数使用默认值 Dropout rate=0.5. Use default values for other parameters
全连接层2 FullCL 2	神经元节点512,激活函数Relu,输出大小1×512 Neuron nodes=512. AF=Relu. Output scale=1 × 512
Dropout层 Dropout Layer	丢弃率0.5,其他参数使用默认值 Dropout rate=0.5. Use default values for other parameters
全连接层3 FullCL 3	神经元节点数2,激活函数Softmax,输出大小1×2 Neuron nodes=2. AF=Softmax. Output scale=1 × 2

图 1-6　一个典型卷积神经网络架构

卷积神经网络通常由卷积层、池化层、全连接层和输出层等组成。

（1）卷积层是卷积神经网络的主要组成部分，用于提取输入图片中的信息和特征。卷积层在每个输入图像的小区域进行滤波操作，然后输出到下一层。卷积层中的每个神经元连接的是前一个层中的一个局部区域，相当于直接提取输入数据的局部特征，且每个神经元都有自己的权重。卷积层的输出结果通常被称为"特征图"，其中每一个元素都是由前一层的卷积核与输入特征通过卷积操作得到。

（2）池化层用于减小数据尺寸，以便更高效地处理数据。池化操作通常放置在卷积层之后，将原始特征图划分为定长图块，并且取这个图块中最大或最平均值作为输出，以减少输出参数的尺寸和复杂度，实现降低计算复杂度的目的。

（3）全连接层用于识别分类。将输出特征图拉伸为一维 Tensor，并计算各类别概率。全连接层的每个神经元都被连接到前一层的所有神经元。

（4）输出层将经过全连接层计算的数据转化为最终的输出概率。输出层的激活函数一般有三种常见的选择：Sigmoid、Softmax 和线性激活函数。其中，Sigmoid 激活函数常用于二分类问题，Softmax 激活函数常用于多分类问题，线性激活函数常用于数值回归问题。

1.3.3　循环神经网络

循环神经网络（Recurrent Neural Networks，RNN）研究始于 20 世纪八九十年代，并在 21 世纪初发展为深度学习的重要算法之一。循环神经网络以序列（Sequence）数据为输入，通过循环连接对序列数据进行建模，对时序上的输入信号进行处理，并将过去信息"记忆"下来用于后续计算，适用于自然语音处理、语音识别等技术领域。

常见的循环神经网络模型包括以下几种：

（1）简单循环神经网络（Simple RNN）。简单循环神经网络模型基于之前输出结果进行反馈以保持循环状态，并将当前输入与上一个时间步的状态权重相乘。简单循环神经网络容易产生梯度消失或梯度爆炸等问题。而无法"记忆"更早的事件。

（2）长短时记忆网络（Long Short - Term Memory Networks，LSTM）。长短时记忆网络是一种常用的循环神经网络模型，能够有效地解决梯度消失和爆炸难题。该模型引入了三个门控制器，分别控制输入、遗忘和输出。遗忘门控制模型记忆的时间跨度，以最大程度避免梯度爆炸或梯度消失的问题。

（3）门控循环单元（Gated Recurrent Unit，GRU）。门控循环单元网络与长短时记忆网络相似，但减少了一些门控制器，一定程度降低了计算工作量，因而该网络更容易训练和更接近实时处理。门控循环单元只有两个控制器，即重置控制器和更新控制器。重置控制器控制当前状态信息遗忘程度，更新控制器控制利用前一状态信息更新程度。

（4）双向循环神经网络（Bidirectional RNN，Bi - RNN）。双向循环神经网络是一种可以同时向前和向后处理序列数据的网络，双向循环神经网络能够利用上下文信息，提高对序列数据的预测精度。在双向循环神经网络中，输入序列被同时传递给前向和后向的两个独立网络。

1.3.4　深度生成模型

深度生成模型（Deep Generative Model）是一类利用深度学习技术生成新的数据模型，被广泛应用于图像生成、3D 建模、自然语言处理、语音合成、视频生成等领域。深度生成模型可以分为有监督生成模型和无监督生成模型两种类型。

（1）有监督生成模型（Supervised Generative Models）是一种可以生成符合特定条件数据样本的深度学习方法。有监督生成模型需要输入一些先验条件（样本数据和对应标签等），通过学习输入数据和对应标签之间的关系来训练模型，从而生成符合标签条件的特定数据。最常见的有监督生成模型是条件生成模型，它利用给定的特征信息，生成符合特定要求的样本结果，其他典型的有监督生成模型还包括：变分自编码器（Variational Autoencoder，VAE）、有条件变分自编码器（Conditional Variational Autoencoder，CVAE）、条件生成对抗网络（Conditional Adversarial Nets，CGAN）和带标准条件对抗网络（Auxiliary Classifier GAN，AC - GAN）等。

（2）无监督生成模型（Unsupervised Generative Models）是一种用于数据生成和分布拟合的深度学习方法。无监督生成模型不需要事先标记训练数据，直接使用未标记的数据集来自动学习数据特征和潜在结构。通常用于无法明确标记样本标签的任务，例如图像和文本数据的生成，数据压缩和流形学习等。与有监督生成模型相比，无监督生成模型更加灵活，可以对数据进行无限制的探索，并发现数据的内在结构和隐藏规律，因此在许多领域得到了广泛应用。典型的无监督生成模型包括：自编码器（Autoencoder）、生成对抗网络（Generative Adversarial Network，GAN）、变分自编码器-生成对抗网络（Variational Autoencoder - Generative Adversarial Network，VAE - GAN）、变分自编码器与深度生成随机场（Variational Autoencoder - Deep Generative Stochastic Network，VAE - SGM）等。

1.4　深度学习框架

深度学习框架（Deep Learning Framework）是用于设计、构建和训练深度神经网络模型的软件工具包。随着深度学习技术在各个领域的应用激增，深度学习框架开始受到广泛的关注和使用。深度学习框架的选择需要考虑应用目的场景、使用人员的编程技能和对深度学习的理解深度、框架的运行速度和推理效率、框架的可扩展性及管理维护代价等多个方面。CSDN2017 年中国开发者调查数据表明，TensorFlow 是开发者使用量最大的深度学习框架，其次占比分别为 Keras、Caffe 和 Torch/PyTorch，具体数据如图 1 - 7 所示。

1.4.1　Theano

Theano 是一个由蒙特利尔大学 MILA 实验室开发的深度学习框架，于 2007 年首次发布。Theano 的目标是为了让研究者能够通过 Python 语言来快速搭建神经网络，并使得代码易于重用和测试。Theano 提供了高层次的 API（Application Programming Interface），封装了底层的数学计算，同时也支持底层的方法。Theano 最大的特点是可以在 GPU 上计算，这使得它成了运行速度极快且扩展性强的框架，在学术界和工业界受到广泛的关注。在 Theano 框架中，通过定义数学表达式来构建神经网络，这些表达式以符号形式存储，进而转换为可以在 GPU 上运行的代码。可以在 Python 语言环境中使用高阶 API 来构建深度学习网络，使得代码更加清晰。基于符号计算的方式也使得 Theano 在处理大规模数据时优势明显。

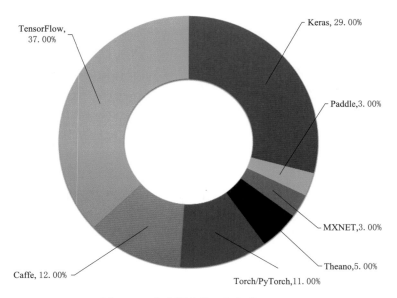

图1-7 主流深度学习框架使用对比

Theano 可以通过 CUDA（Compute Unified Device Architecture）在 GPU 上进行高效运行，特别适用于处理大规模数据；Theano 使用高效的符号表达式进行计算，不需要显式求导的复杂神经网络；此外，Theano 定义的高级抽象概念可大大简化神经网络操作，但 Theano 需要理解符号计算，对于初学者相对困难，其缺乏对深度学习任务的高度封装，使得应用人员需要对底层操作具有一定的了解。Theano 没有像其他深度学习框架（如 TensorFlow、PyTorch 等）一样强大的可视化工具，导致容易出现代码错误。

2017 年官方宣布停止 Theano 框架的维护和技术支持。近年来，学界和业界已经逐渐转向 TensorFlow、PyTorch 等其他框架，但 Theano 在深度学习的历史中发挥了重要作用，为神经网络模型的设计、实现和优化提供了极大的便利，也为深度学习技术思路提供了重要启发。

1.4.2 Caffe

Caffe（Convolutional Architecture for Fast Feature Embedding）是一个兼具表达性、速度和思维模块化的深度学习框架，于 2013 年由加利福尼亚州大学伯克利人工智能研究小组、伯克利视觉和学习中心公开发布。Caffe 的优点包括可扩展性高，允许开发人员通过扩展现有代码而构建自定义架构。Caffe 使用 Google 的 protobuf 协议，可轻松处理大型数据集。Caffe 是一种高效的深度学习框架，基于 C++，使用静态计算图的方式设计网络，可以在 CPU 和 GPU 上进行训练和推理，支持多种后端应用如 CUDA 和 OpenCL 等。Caffe 在计算机视觉领域应用广泛，包括图像分类、物体检测、语音识别等。Blob、Solver、Net、Layer、Proto 是构成 Caffe 框架的 5 个组件，结构如图 1-8 所示。Blob 是 Caffe 实际存储数据的结构，是一个不定维的矩阵，一般用来表示一个拉直的四维矩阵，四个维度分别对应 Batch Size（N），Feature Map 的通道数（C），Feature Map 高度（H）和宽度（W）。Solver 负责深度网络训练，每个 Solver 中包含一个训练网络对象和一个测试网络对象。各网络则由若干个 Layer 组成，每个 Layer 的输入和输出分别为 Input Blob 和 Output Blob。Proto 为基于 Google 的 Protobuf 开源项目，是一种类似 XML 的数据交换格式，用户只需要按格式定义对象的数据成员，可以在多种语言中实现对象的序列化与反序列化，在 Caffe 中用于网络模型的结构定义、存储和读取。

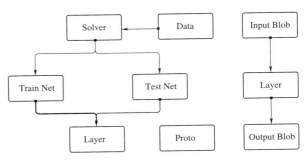

图 1-8　Caffe 关键组件与架构

Caffe 具有高度可扩展，支持多种插件、网络结构等，不受制于特殊的计算需求，支持多种特定操作的加速器，模型训练和推断效率较高，比较适合处理大批量数据。但 Caffe 接口不易使用，不支持动态图机制，不太适合复杂的计算图结构。

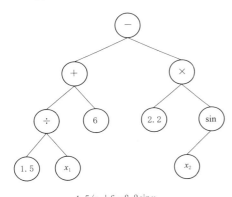

$1.5/x_1 + 6 - 2.2\sin x_2$

图 1-9　TensorFlow 计算图示意

1.4.3　TensorFlow

TensorFlow 是由 Google Brain 团队开发的开源深度学习框架，被广泛应用于图像分类、语音识别等不同领域。TensorFlow 于 2015 年 11 月发布，并于 2017 年推出了使用移动设备平台的 TensorFlow Lite。相对于其他深度学习框架，TensorFlow 最具有代表性的特点是其计算图（graph）功能。图 1-9 展示了函数 $y = 1.5/x_1 + 6 - 2.2 \sin x_2$ 的计算图。通过计算图功能，TensorFlow 可以实现高效的多核 CPU/GPU 并行计算；同时利用分布式计算能力，可快速处理更复杂的问题。TensorFlow 还具有良好的可移植性，可以在各种硬件和软件平台上实现高度优化。TensorFlow 之所以成为最受欢迎的深度学习框架之一，是因为它在可靠性、可移植性和易用性等方面表现出色。目前，TensorFlow 已经成了 Google 在机器学习领域的核心软件。TensorFlow Lite 可以在移动设备上运行深度学习模型，还可以进行硬件加速。TensorFlow Lite 提供了多种语言支持，例如 C++、Java、Python 等，并支持嵌入式平台，如 Raspberry Pi、Nvidia Jetson 等。TensorFlow Lite 的出现大大方便了深度学习的移动端应用。TensorFlow Lite 专门为嵌入式和移动设备设计，其耗电量和资源占用相对较低，具有很强的移植性和参数调节的交互性；面向边缘环境设计，对设备的限制通常较少。但移动端 TensorFlow Lite 难以支持模型训练，只能进行推理应用。

TensorFlow 交互式编程结构和丰富的 API 工具，可轻松实现模型快速迭代和调试，满足多种深度学习任务需求。TensorFlow 使用静态计算图来定义机器学习模型，这允许开发者以高层次的抽象方式描述计算过程，并且可以自动地优化和并行计算。此外，

TensorFlow 计算图功能较为灵活，可实现对多种复杂神经网络架构的支持。但由于 TensorFlow 计算图功能较为特殊，语法结构相对复杂，需要遵守特定规则。

1.4.4　MXNet

MXNet 是由亚马逊首席科学家李沐带领团队于 2015 年公开发布的深度学习框架，其采用异构计算架构。MXNet 提供了类似于 Theano 与 TensorFlow 的数据流图，可支持多种处理器如 CPU、GPU、FPGA（Field Programmable Gate Array）、TPU 等，极大地加速了深度学习处理速度；拥有类似 Lasagne 和 Blocks 的高级别模型构建块，可以在大多数硬件上运行。MXNet 是一个高效而灵活的深度学习框架，支持多种编程语言，包括 Scala、Python 和 C++ 等，同时还提供了深度学习模型压缩和分布式计算能力。MXNet 于 2019 年加入了 Apache 基金会，实现了全面开源，成了 Apache 下的一个顶级项目。

MXNet 支持异构计算，可加快深度学习处理的速度；提供多种语言接口，拥有丰富的应用场景和开发环境；支持模型压缩和分布式计算功能。但 MXNet 框架安装调试较为麻烦，在特定应用场景下其功能过于烦琐。

1.4.5　Keras

Keras 是一个高级深度学习 API，可简化深度神经网络的构建过程。它是由 Francois Chollet 开发并于 2015 年发布。Keras 是基于 Python 语言编写的开源框架。Keras 可能是当前最常用的深度学习框架之一，其主要优势在于其易用性。Keras 的语法结构简单、易于理解，支持多种深度学习模型，如卷积神经网络（CNN）、长短记忆网络（LSTM）、循环神经网络（RNN）等。Keras 还专门支持 TensorFlow 和 Theano 的多 GPU 训练，以加速神经网络训练和推理。Keras 的设计重点是让开发者快速的进行实验和原型设计，同时也能直接应用于产品开发中。Keras 原本是建立在 Theano 上的，但是由于 TensorFlow 的崛起，Keras 已经作为后端支持 TensorFlow。Keras 被认为是一个构建和训练深度学习模型的最佳选择之一。Keras 主要模块包有 14 个，最常用的 8 个模块分别是 Models（用于组件组装和模型搭建等）、Layers（用于生成各种神经网络层）、Initializations（用于初始化模型权重等参数）、Activations（提供各种激活函数）、Objectives（提供多种损失函数）、Optimizers（提供各种优化方法）、Preprocessing（用于数据增强扩增等预处理）、metrics（提供模型评价方法）。

Keras 极易上手，适合初学者进行深度学习实战，但不够灵活；语法简单易懂，简化了深度学习模型的构建和训练过程，提供了用于处理图像、文本和序列数据的实用工具；支持多 GPU 可加速大模型训练。但 Keras 中某些功能实现相对较为固定，无法满足特定的数据处理需求。

1.4.6　CNTK

CNTK（Microsoft Cognitive Toolkit）即微软认知工具包，是微软公司 2016 年公开发布的深度学习框架，其目标是让大规模的训练更加高效，它可用于单机、分布式和 GPU 集群训练。与其他深度学习框架不同，CNTK 专注于高效的分布式计算技术，并以此打造强大的深度学习平台。CNTK 使用分布式算法，可使计算矩阵在多个服务器上并行运算并发送结果，以减少训练时间。CNTK 还可以在云环境中轻松部署，例如 Azure，

AWS 等。CNTK 提供了多种语言接口，包括 Python、C＋＋和 C＃ 等。

CNTK 使用分布式计算能力，较高效地处理深度学习模型的训练数据，在处理大规模数据时表现尤为突出；其多种语言接口提供了较为广泛的应用场景及开发环境选择，可以轻松实现多 GPU 并行支持。但 CNTK 代码语法结构复杂，需要系统的计算机背景和知识基础。

1.4.7 PyTorch

PyTorch 于 2016 年由 Facebook 人工智能研究院开发的深度学习计算框架，被广泛应用于语音识别、自然语言处理和计算机视觉等领域。PyTorch 是基于 Python 的科学计算工具包，能够实现高效和快速的运算。PyTorch 以动态计算图作为其核心概念，这使得开发者可以使用更自然的方式定义神经网络，并且可以在神经网络的训练过程中进行实时调整和修改。PyTorch 还提供了 TorchScript、TorchServe 等工具，它们能够将训练的模型转换为可部署的产品，以实现在线推理。PyTorch 提供的一些高级特性，如动态计算图和 Pythonic API，使得它更倾向于在实验阶段快速迭代和开发，因此对于研究者和学生而言更为适合。PyTorch 因秉承"易用性、灵活性、速度"等设计思想而在学术界和工业界广受欢迎。图 1－10 为 PyTorch 框架主要模块结构图。

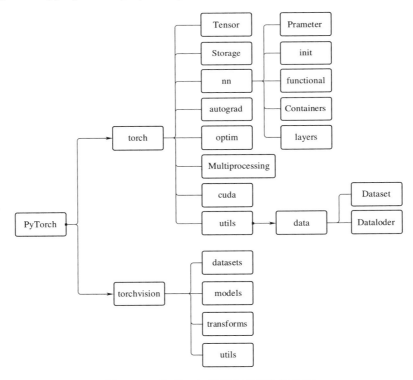

图 1－10　PyTorch 框架主要模块结构图

PyTorch 与 Python 语言结合紧密，具有简单易懂的语法结构，适合初学者学习；其动态图机制可提高代码可读性，为建立更为高效的模型提供支持；PyTorch 拥有丰富的命令行接口和 Eager Execution 模式，可大大简化模型构建和推理流程；此外，PyTorch 与 TensorFlow 具有类似的高可移植性，可运行在 CPU、GPU 和多 GPU 集群等不同硬件架构上。PyTorch 动态图机制较为特殊，一定程度上可能影响开发环境和可视化工具的实现，且更多的计算量需要程序员提前自行优化，模型构建效率相对不高。

1.5　深度学习应用领域

1.5.1　图像识别

深度学习在图像识别领域的应用包括图像分类、目标检测、语义分割等。Google 公司提出的 ResNet 模型通过堆叠多个卷积层和池化层构建深层神经网络，大幅提升了图像分类准确率；此外，Inception 模型通过多分支特征提取的方式，在保证计算效率的同时提高图像分类的准确率。ImageNet 大规模视觉识别挑战赛的举办极大促进了深度学习模型在图像识别中的应用，2010 年起 ImageNet 竞赛识别错误率逐年降低，2015 年识别错误率低于人类（见图 1 - 11）。在通用图像分类、目标检测、语义分割、字符识别、人脸识别等领域表现良好商用最多的系统大多基于深度学习构建。

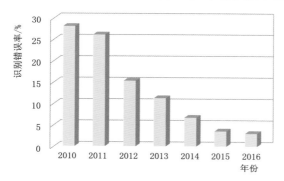

图 1 - 11　ImageNet 竞赛识别错误率变化（2010—2016 年）

1.5.2　自然语言处理

自然语言处理（Natural Language Processing，NLP）是计算机科学的一个重要分支，旨在让机器能够理解和生成人类语言，包括文本分类、情感分析、机器翻译、问答系统等，是深度学习的一个重要应用领域。文本分类（如情感分析、垃圾邮件过滤、新闻分类等）、命名实体识别（识别文本中的命名实体，如人名、地名、组织机构等）、机器翻译（将文本从一种语言翻译为另一种语言）、文本生成（如文章摘要生成）、问答系统（如问答机器人、知识图谱问答等）等是 NLP 中的经典任务。深度学习从文本中学习有意义特征并生成高效的自然语言处理模型，NLP 任务中常用的深度学习模型有循环神经网络（RNN）、卷积神经网络（CNN）和深度神经网络（DNN）。深度学习的自然语言处理流程一般包括数据预处理、模型选择与构建、模型训练与测试以及模型部署与使用。Collobert 等采用 embedding 和多层一维卷积的结构，用于词性标注、分块、命名实体识别、语义角色标注等经典的 NLP 问题；所构建的模型在不同任务中都取得了与当时技术水平相当的准确率。2018 年，Generative Pre - Trainin（GPT）采用单向语言模型，用 Transformer 作为特征抽取器，取得了非常不错的效果。同年，Google 推出 BERT（Bidirectional Encoder Representation from Transformers）模型，刷新了几乎所有 NLP 任务的榜单。2019 年 2 月 OpenAI 推出了规模更大的质量更好的 GPT - 2 模型，其语言生成能力令人惊叹。

1.5.3 语音识别

人机交互（人机交谈）是长久以来人工智能领域的一个重要研究方向，而语音识别技术是其基本技术。语音识别（Automatic Speech Recognition，ASR）是指能够让计算机自动地识别语音中所携带信息的技术，其覆盖了数学与统计学、声学与语言学、计算机与人工智能等基础学科和前沿学科，是人机自然交互技术中的关键环节。语音是人类信息交互传递最便捷、最自然和最直接的方式，让智能机器如自然人一般实现语音交互一直是AI领域研究者的梦想。深度学习理论与技术的快速发展使得这一梦想逐渐变为现实。近年来，深度学习在语音识别领域取得飞速发展和重大突破，迅速成为学界和业界热点，为突破语音识别瓶颈提供了重要解决方案，也给传统的语音识别高斯混合-隐马尔可夫模型（Gaussian Mixed Model - Hidden Markov Model，GMM - HMM）带来了新的变革。2010 年以来，随着算力提升和海量数据的产生，深度神经网络（DNN）成为语音识别领域主流方法，显著提升了语音识别准确率，短短几年基于深度学习的语音识别系统错误率下降了 30％以上。此后，语音识别准确率不断被刷新。2017 年，微软首席语音科学家黄学东带领的语音团队在 Switchboard 语音识别基准测试中，实现了对话语音识别词错率低至 5.1％，创造了当时该领域内错误率最低纪录，首次达成与专业速记员持平且优于绝大多数人的表现。

参 考 文 献

[1] McCulloch W S, Pitts W. A logical calculus of the ideas immanent in nervous activity [J]. Bulletin of mathematical biophysics, 1943, 5 (4): 115 - 133.

[2] Rosenblatt F. The perceptron: A probabilistic model for information storage and organization in the brain [J]. Psychological Review, 1958, 65 (6): 386 - 392.

[3] Minsky M L, Seymour A P. Papert, Leon Bottou. Perceptrons: An introduction to computational geometry [M]. Cambridge, USA: MIT Press, 1969.

[4] Rumelhart D E, Hinton G E, Williams R J. Learning representations by back-propagating errors [J]. Nature, 1986, 323 (6088): 533 - 536.

[5] Cybenko G. Approximation by superpositions of a sigmoidal function [J]. Mathematics of Control Signals and Systems, 1989, 2 (3): 17 - 28.

[6] Hornik K, Stinchcombe M, White H. Multilayer feedforward networks are universal approximators [J]. Neural Networks, 1989, 2 (5): 359 - 366.

[7] Hochreiter S, Schmidhuber J. Long Short - Term Memory. Neural Computation, 1997, 9 (8), 1735 - 1780.

[8] Hinton G E, Osindero S, Teh Y W. A Fast Learning Algorithm for Deep Belief Nets. Neural Computation, 2006, 18 (7), 1527 - 1554.

[9] Salakhutdinov R, Hinton G E. Deep Boltzmann Machines. In International Conference on Artificial Intelligence and Statistics, 2009: 448 - 455.

[10] Glorot X, Bordes A, Bengio Y. Deep sparse rectifier neural networks [C] //International Confer-

ence on Artificial Intelligence and Statistics. Piscataway，NJ，USA：IEEE，2011：315－323.

[11] Hinton G E，Deng L，Yu D，et al. Deep neural networks for acoustic modeling in speech recognition：The shared views of four research groups [J]. IEEE Signal Processing Magazine，2012，29 (6)：82－97.

[12] Dahl G E，Yu D，Deng L，et al. Context-dependent pre-trained deep neural networks for large-vocabulary speech recognition [J]. IEEE Transactions on Audio Speech & Language Processing，2011，20 (1)：30－42.

[13] Deng J，Dong W，Socher R，et al. ImageNet：A large-scale hierarchical image database [C] // IEEE Conference on Computer Vision and Pattern Recognition. Piscataway，NJ，USA：IEEE，2009：248－255.

[14] Krizhevsky A，Sutskever I，Hinton G E. ImageNet classification with deep convolutional neural networks [C] //Annual Conference on Neural Information Processing Systems. Cambridge，USA：MIT Press，2012：1097－1105.

[15] Hopfield J J. Neural networks and physical systems with emergent collective computational abilities. Proceedings of the National Academy of Sciences，1982，79 (8)：2554－2558.

[16] 尹宝才，王文通，王立春．深度学习研究综述 [J]. 北京工业大学学报，2015，41 (1)：48－59.

[17] 贾同兴．人工智能与情报检索 [M]. 北京：北京图书馆出版社，1997.

[18] 邹蕾，张先锋．人工智能及其发展应用 [J]. 信息网络安全，2012 (2)：11－13.

[19] 10 Breakthrough Technologies 2013 [N]. MIT Technology Review，2013－04－23.

[20] Collobert R，Weston J，Bottou L，et al. Natural language processing (almost) from Scratch [J]. Journal of Machine Learning Research，2011，12 (2)：2493－2537.

[21] 张军阳，王慧丽，郭阳，等．深度学习相关研究综述 [J]. 计算机应用研究，2018，35 (7)：1921－1928，1936.

[22] 湖南大学新闻网．黄学东：希望技术有一天可以跑赢时间 [J/OL]. https：//news. hnu. edu. cn/info/1102/32028. htm，2022－07－15.

第2章 水土保持监测信息化

水土保持是生态文明建设一项紧迫而长期的战略任务。党的十八大报告把生态文明建设放在更加突出的位置，党中央、国务院大力推进生态文明建设，将生态文明建设提升到国家战略层面，与经济建设、政治建设、文化建设、社会建设并列的"五位一体"总体布局。水土保持监测与信息化是水土保持工作的重要组成部分，水土保持监测是对水土流失发生、发展、危害、治理效益进行调查、观测、分析的工作，用以摸清水土流失类型、土壤侵蚀强度、水土流失分布特征、水土流失规律及水土流失危害影响状况等。水土保持监测工作对于水土流失监督管理、水土保持治理工程空间布局、水土流失治理成效评价提供重要的决策支撑作用。水土保持监测信息化是指借助卫星遥感技术、大数据技术、人工智能技术等现代信息化手段开展水土保持监测工作，对水土保持数据进行自动化采集、智能化分析、智慧化应用的过程，以提升水土保持监测成果质量、促进水土保持监测数据深度应用、增强水土保持监测决策支持能力。

2.1 自然水土流失动态监测

土壤侵蚀是一个受到多种因素影响、具有典型多时空尺度效应的环境问题，区域土壤侵蚀状况直接对人类健康和经济社会发展产生重要影响。定期开展水土流失动态监测可为客观评价水土流失状况、水土流失治理工程空间布局等提供重要的基础支撑。土壤侵蚀模型是开展水土流失动态监测、水土保持治理工程效果评估的重要技术手段，基于数学物理方法或经验公式的土壤侵蚀模型定量描述了土壤侵蚀非线性动态变化过程，实现对土壤侵蚀定量预报。迄今为止，美国通用土壤流失方程（USLE）及其改进模型（RUSLE）仍是土壤侵蚀研究领域广泛应用的土壤侵蚀模型。该模型综合土壤侵蚀多个影响因子及其相互作用关系，同时各因子具有一定物理意义且因子获取方法及模型计算过程较为简单。刘宝元等利用黄土高原丘陵沟壑区径流小区实测资料构建了中国土壤流失方程（CSLE），该模型依据我国土壤侵蚀与水土保持工作特点，充分考虑了生物措施、工程措施和耕作措施对土壤侵蚀及水土流失过程的影响作用，与 USLE 相比 CSLE 方程更能反映我国土壤侵蚀的实际情况。目前区域性的水土流失动态监测工作多以美国通用土壤流失方程或中国土壤流失方程为理论基础，以高分辨率卫星遥感影像为数据源，以地理信息软件为计算平台完成。

土地利用覆盖模式是自然环境变化、社会经济等人类活动在空间和时间上的综合结果，准确获取土地利用与土地覆盖信息至关重要，是土壤侵蚀定量计算、区域水土流失动态监测的基础性数据。现阶段，土地利用解译仍多以各类型高分辨率卫星遥感影像为数据源、以 GIS 等地理信息软件为平台、以多种高质量解译标志库为先验知识开展人机交互

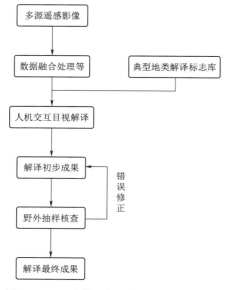

图2-1　土地利用人机交互目视解译流程

目视判别解译为主，辅以外业的抽样核查以确保土地利用解译的准确性。图2-1为土地利用人机交互目视解译总体工作流程。尽管人工交互目视解译可靠性相对较高，但其工作效率低，难以满足大区域土地利用快速解译需求。相关学者采用随机森林、支持向量机、全连接神经网络等"浅层"机器学习算法探索性开展遥感信息识别、土地利用解译工作，但由于土地利用分类的复杂性、动态性、多样性，加之"同物异谱、同谱异物"的遥感学客观问题，尚未得到能够真正用于实际业务的研究结果。近年来，随着深度学习技术的快速发展，由于其网络参数共享、层级特征提取、自适应特征学习等优点，以卷积神经网络为代表的深度学习技术在土地利用解译中表现出优异的性能，为遥感影像信息识别提供了重要的技术支持。

2.2　人为水土流失遥感监管

生产建设项目（活动）占压土地资源、扰动原地表覆被，如不加以有效监管，极易引起大范围、高强度、突发性的人为水土流失，给人居环境、生态建设、社会协调发展带来潜在风险。水土流失监管是水行政主管部门的一项重要法定职责和社会管理职能。生产建设活动剧烈，所引起的人为水土流失强度高（特别是建设期）、规模大（矿产开发、道路工程等）、点多面广（工业园区等）。传统的常规技术手段难以做到生产建设项目水土流失的实时发现、精准认定、依法查处和风险预警，众多违法违规行为没有得到及时制止和惩处，导致目前人为水土流失问题仍未得到全面有效遏制，人为水土流失防控效果仍不尽人意，也成为我国生态文明建设的重要制约因素之一。图2-2为近十年全国水土保持方案批复及水土流失防治责任面积统计结果。2010年以来全国范围批复水土保持方案数量呈逐年递增趋势，平均每年约批复37500个水土保持方案，年水土流失防治责任面积约1.69万km²，导致全国各级水行政主管部门生产建设项目水土保持监管工作任务十分巨大。

扰动区域遥感影像识别、图斑边界勾绘、项目合规性判别是生产建设项目水土保持信息化监管的核心工作内容。图2-3为生产建设项目遥感监管工作总体流程。扰动图斑是生产建设项目水土保持信息化监管工作的最小单元，目前扰动图斑解译主要以人机交互目视判别解译方法为主，扰动图斑矢量文件主要是基于GIS等地理信息软件平台人工手动勾绘，导致扰动图斑解译提取自动化水平较低、工作效率不高。表2-1为遥感影像人工目视判别解译与生产建设扰动图斑勾绘工作效率统计表（不完全统计），大体而言技术人员平均每个小时大约可完成63.49km²遥感影像解译和扰动图斑勾绘。此外，人机交互目视判别解译受专业技能水平影响较大，不同专业技术人员对遥感影像地物信息认知各异，

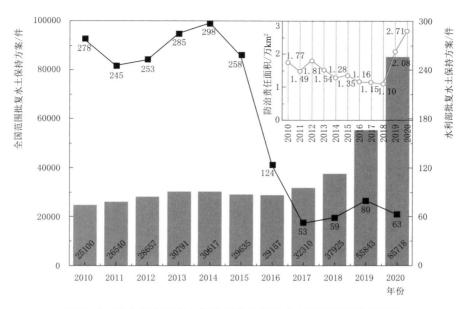

图 2-2 近十年全国水土保持方案批复及水土流失防治责任面积

加上遥感影像解译标志库也难以穷尽,最终导致人机交互目视判别解译成果质量标准不一致,降低了成果应用效能和可信度。

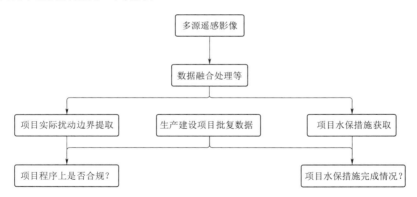

图 2-3 生产建设项目遥感监管工作总体流程

表 2-1   遥感影像解译与生产建设扰动图斑勾绘工作效率 (不完全统计)

实 例	面积/km^2	耗时/h	效率/(km^2/h)	扰动图斑数/个
实例县 1	970.04	16	60.63	272
实例县 2	1012.00	15	67.47	453
实例县 3	4057.00	55	73.76	844
实例县 4	209.34	4	52.34	66
实例县 5	1075.7	17	63.28	270

随着生产建设项目水土保持信息化监管工作的深入推进,监管频次逐步提高(省级从1期/年到2~3期/年、市县重点区域从1期/年到多期/年)、监管覆盖面积逐渐趋于全覆

盖（从重点区域到全行政区），监管工作任务日趋繁重。目前传统人机交互目视解译获取扰动图斑矢量数据的工作方式面临越来越大的压力，也难以适应新阶段水利高质量发展的要求。此外，我国自有的遥感数据日益丰富、影像获取能力显著增强，已发射在轨的遥感卫星包括高分系列、风云系列、环境系列、资源系列和海洋系列等，分辨率从米级到亚米级、光谱从全色到多光谱。海量的遥感数据也从技术层面要求遥感影像解译和扰动图斑勾绘急需要采用智慧化技术手段，实现遥感影像解译、扰动图斑提取的自动化与智能化，在提高效率的同时保证成果质量。

2.3　水土保持治理成效评价

水土保持旨在防止水土流失、减轻土壤侵蚀，是保护改良及合理利用山区、丘陵区和风沙区水土资源、提高土地生产力、充分发挥水土资源经济社会效益、建立良好生态环境的综合性科学技术。水土流失治理对象包括自然水土流失、人为水土流失等，主要以生物措施、工程措施和耕作措施为主，综合整治因害设防以有效保护和提高水土资源利用效率。对于自然水土流失而言，我国经过长期的生产实践活动，以小流域综合治理为代表的水土流失综合治理取得巨大成效，为消减水土流失面积、降低土壤侵蚀强度做出了重要贡献。2011 年起，中央一号文件先后五年（2011 年、2014 年、2015 年、2016 年和 2018 年）明确提出要加强生态清洁小流域建设。生态清洁小流域作为小流域水土流失综合治理工程的升级版，是水土流失预防治理理念上的一次重大飞跃，系统考虑水土流失防治、水土资源保护利用、面源污染防控、农村垃圾污水处理等，最终实现山青、水净、村美、民富的目标。水土保持治理成效评价是水土保持治理工程的重要组成部分，是反映水土保持工程治理成效的直接体现，更是指导水土保持治理工程设计规划、建设管理等工作的重要参考。水土保持措施设计实施量是水土保持治理工程成效评价的重要基础数据，但目前水土保持治理工程成效评价中，水土保持措施数据多以低空无人机影像为数据源采用人机交互目视解译、人工计算的方式获取，信息化自动化水平低，显然与现阶段水土保持高质量发展不匹配。

2.4　水土保持监测与深度学习

对于区域性的水土保持监测工作而言，如何快速准确地从卫星遥感影像、低空无人机遥感影像中获取地表覆被信息（土地利用分类数据）至关重要，依靠传统的人机交互目视判别解译的工作方式难以满足客观工作需求。

近年来，人工智能深度学习的快速发展，特别是其在图像分类、语音分割中的突出表现，为各类型遥感影像信息识别提供了新技术新方法。相关研究表明，深度学习卷积神经网络卫星遥感影像图像分类精度均值超 90%，明显高于支持向量机等传统机器学习图像分类方法。全卷积神经网络（Fully Convolution Neural Network，FCNN）等深度学习方法在资源三号影像数据中的云监测精度也高于 90%。以 ResNet 网络模型为基础，基于膨胀卷积算法设计的端到端深度学习分类网络模型，在 0.5m 光学航空遥感图像的土地利用分类精度中达到 91.97%。近年来，国内外遥感图像识别、分类人工智能竞赛极大促进了遥感影像数据信息识别提取技术，也为遥感图像分类、语义分割等技术的成熟广泛应用起到了重要的推动作用。

基于此，本书以 TensorFlow 为深度学习框架、卷积神经网络模型为基础、高分辨率遥感影像（2m 分辨率）为数据源，开展生产建设项目扰动区域识别与边界勾绘提取技术研究，以期为深度学习在水土保持中的研究与应用提供一些有益参考。

参 考 文 献

［1］ 邹丛荣. CSLE 模型应用中不同抽样密度和推算方法的比较 ［J］. 中国水土保持科学，2016，14（3）：130 – 138.

［2］ 游翔. 2018 年度四川省级监测区水土流失动态监测研究 ［J］. 中国水土保持，2019（12）：23 – 25.

［3］ 蔡强国，刘纪根. 关于我国土壤侵蚀模型研究进展 ［J］. 地理科学进展，2003，22（3）：242 – 250.

［4］ 李锐. 中国水土流失基础研究的机遇与挑战 ［J］. 自然杂志，2008，30（1）：6 – 11.

［5］ Wischmeier W H，Smith D D. Predicting rainfall-erosion losses from cropland east of the rocky-mountains ［R］. Washington D C：Soil Conservation Service，USDA，1965.

［6］ Wischmeier W H，Smith D D. Predicting rainfall erosion losses-a guide to conservation planning ［R］. Washington D C：US Government Printing Office，1978.

［7］ 刘光. 土壤侵蚀模型研究进展 ［J］. 水土保持研究，2003，10（3）：73 – 76.

［8］ 张光辉. 土壤侵蚀模型研究现状与展望 ［J］. 水科学进展，2002，13（3）：389 – 396.

［9］ Liu B Y，Zhang K L，Xie Y. An empirical soil loss equation. 12th International Soil Conservation Origanization Conference. Beijing：Tsinghua University：Procedings of 12th ISCO Conference，2002：p. 21 – 25.

［10］ 刘宝元. 西北黄土高原区土壤侵蚀预报模型开发项目研究成果报告 ［R］. 北京.

［11］ 王略，屈创，赵国栋. 基于中国土壤流失方程模型的区域土壤侵蚀定量评价. 水土保持通报，2018，38（1）：1222 – 1125，1130.

［12］ 秦伟，朱清科，张岩. 基于 GIS 和 RUSLE 的黄土高原小流域土壤侵蚀评估. 农业工程学报，2009，25（8）：157 – 163.

［13］ 姜德文，亢庆. 生产建设项目水土保持天地一体化监管技术研究 ［M］. 北京：中国水利水电出版社，2018.

［14］ 黄俊，金平伟. 水土保持治理工程实施成效评价关键技术与应用 ［M］. 北京：中国水利水电出版社，2022.

［15］ 亢庆，黄俊，金平伟. 水土保持治理工程保土效益评价指标及方法探讨 ［J］. 中国水土保持科学，2018，16（3）：121 – 124.

［16］ 曹林林，李海涛，韩颜顺，等. 卷积神经网络在高分遥感影像分类中的应用. 测绘科学，2016，41（9），170 – 175.

［17］ 裴亮，刘阳，谭海，等. 基于改进的全卷积神经网络的资源三号遥感影像云检测. 激光与光电子学进展，2019，56（5），226 – 233.

［18］ 陈洋，范荣双，王竞雪，等. 基于深度学习的资源三号卫星遥感影像云检测方法. 光学学报，2018，38（1），362 – 367.

［19］ 王协，章孝灿，苏程. 基于多尺度学习与深度卷积神经网络的遥感图像土地利用分类. 浙江大学学报（理学版），2020，47（6），715 – 723.

第3章　深度学习模型训练与应用

目前深度学习开源框架种类繁多，本书以 TensorFlow 框架为例，以生产建设项目扰动图斑在遥感影像中的智能发现业务为应用案例介绍深度学习环境搭建、样本制作、模型训练及推理应用等相关内容。

3.1　TensorFlow 及其环境搭建

3.1.1　TensorFlow 基础知识

TensorFlow 作为一款卓越的机器学习框架，其具有高度的灵活性和可扩展性，支持多种类型的机器学习算法和深度学习模型。此外，TensorFlow 的强大计算能力和高度优化的计算图执行引擎能够处理大规模数据和复杂的计算任务。同时，TensorFlow 跨平台兼容性良好，能够在多种硬件设备运行。TensorFlow 由谷歌人工智能团队谷歌大脑（Google Brain）开发和维护，拥有包括 TensorFlow Hub、TensorFlow Lite、TensorFlowResearch Cloud 在内的多个项目以及各类应用程序接口 API。TensorFlow 可用于开发多类型机器学习模型，是 Python 编程语言的优选框架，并提供丰富的 API 接口（表 3-1），易于创建各种类型的神经网络模型。TensorFlow 框架适用性强，可以运行在各种硬件上，从小型移动设备到大型的 GPU 服务器。下面从 TensorFlow 工作原理、数据流图、张量和计算图等方面对 TensorFlow 基础知识进行介绍。

表 3-1　　　　　　　　　　TensorFlow 的关键 API 及说明

序号	API 名称	备　注
1	tf. keras	用于构建和训练深度学习模型。它提供了一组简化的接口和函数，使得在 Tensor-Flow 中创建神经网络变得更加容易。开发者可以定义和堆叠各种层来构建模型，设置损失函数和优化器，并使用内置的训练和评估功能来训练和评估模型
2	tf. data	提供了一种高效加载数据的方式，用于构建数据输入流水线。它可以从各种来源（如内存中的数据、磁盘上的文件、数据库等）读取和预处理数据，同时支持对数据进行转换、扩增和批处理等操作。tf. data 可以更好地管理和处理大规模的训练数据，提高模型训练效率和性能
3	tf. losses	提供了一系列常用的损失函数，用于评估模型的性能和优化模型的训练过程。开发者可以选择适当的损失函数来衡量模型的预测结果与真实标签之间的差异，如均方误差（Mean Squared Error，MSE）、交叉熵损失（Cross Entropy Loss）等
4	keras. preprocessing	数据预处理模块，如 image 用于图像数据预处理（增强、生成器、迭代器）；text 文本数据处理（文本分词、词嵌入）；sequence 用于序列数据预处理（序列分段、频率统计）等

序号	API 名称	备 注
5	tf. keras. optimizers	提供了多种优化算法，用于定义模型训练的损失函数。开发者可以选择适当的优化算法来改善模型的性能和收敛速度，如随机梯度下降（Stochastic Gradient Descent，SGD）、Adam、Adagrad 等
6	tf. keras. callbacks	回调函数，如动态模型保存 ModelCheckpoint、动态训练终止 EarlyStopping、远程事件监控 RemoteMonitor、动态学习率 ReduceLROnPlateau、数据可视化 Tensorboard 及自定义回调函数 LambdaCallback 等
7	tf. keras. models	模型构建和训练，Sequential 创建顺序模型、Model 创建自定义模型、load_model 加载模型、save_model 保存模型、clone_model 克隆模型等
8	tf. keras. applications	预训练权重模型，包括 DenseNet、Inception、ResNet、NASNet、VGG、MobileNet 等
9	tf. keras. layers	层模块，如 Input 创建张量输入层、Dense 创建全连接层、Flatten 将数据扁平化、Activation 添加激活函数、Dropout 防止过拟合、Conv2D 二维卷积层、MaxPooling2D 最大池化层、GlobalAveragePooling2D 全局平均池化、BatchNormalization 批量归一化层等
10	tf. saved_model	用于将训练好的模型保存为可部署和重用的格式。开发者可以将模型保存为独立的文件，包含了训练的参数和计算图。这使得模型可以在不同环境中进行加载和使用，如在服务器端进行推理、在移动设备上进行离线推断等
11	tf. Tensor	提供了丰富的操作来创建、操作和计算张量。开发者可以使用 tf. Tensor 进行基本的数学运算、数组操作、形状变换等操作。tf. Tensor 是 TensorFlow 中的核心数据结构，它不仅用于输入和输出数据，还用于模型的中间计算过程

（1）工作原理。TensorFlow 是基于数据流图模型的机器学习框架。数据流图中定量多种 TensorFlow 操作和变量，并将这些操作和变量连接起来形成适当的计算图。数据流图模型描述了计算的输入、中间和输出数据流之间的关系。TensorFlow 中的数据流图由节点和边构成，节点表示计算，边表示输入和输出之间的依赖关系。TensorFlow 通过数据流图模型实现计算的并行化和分布式执行，提高了机器学习模型的效率和性能。

（2）数据流图（Data Flow Graph）。数据流图是一种指令式编程模型和抽象的计算模型，通过节点和边的有向图来表示计算过程，在 TensorFlow、PyTorch 等深度学习框架中应用广泛。节点表示 TensorFlow 计算单元，每个节点都表示一些特定的操作；边表示数据流，反映了每个节点之间的依赖关系。节点将其依赖的张量作为输入，执行相应的操作，并将其输出作为张量传递给连接到该节点的边。数据流图可以描述一个程序、算法或者模型的计算过程，具有并行性、分布式和可视化等特点。数据流图节点可并行计算，充分利用计算资源、提升计算效率；可在不同计算节点上运行数据流图节点，充分利用分布式计算资源、提高计算速度；可通过 TensorBoard 组件实现数据流图的可视化，更为直观地理解程序计算过程，也方便模型的调试和参数优化。

（3）张量（Tensor）。Tensor 是多维数组，用于表示训练数据、权重和偏置参数等，是 TensorFlow 主要数据类型，包含标量、向量、矩阵和其他高维数组等。TensorFlow 基于数据流图模型，其静态的计算过程限定了 Tensor 值的张量不可变性。Tensor 一般有三个属性，形状、类型和值；其数据类型可以是浮点型 float、整数型 int 和布尔型 bool 等。相同形状的 Tensor 可进行广播操作，可使用相同的方程式进行计算，支持矩阵乘法、张量相加和张量降维等高级操作。

（4）计算图（Computational Graph）。计算图是一种表示计算过程的图结构，是一种有向无环图，其指定各种操作和变量之间关系。TensorFlow 通过计算图来描述模型的计算过程，完成模型的定义、训练和评估等操作，由 tf. Graph 创建。TensorFlow 计算图包括默认图（Default Graph）和自定义图（Custom Graph）。默认图是 TensorFlow 主要计算图，所有操作都在其中执行。自定义图将不同的操作放在不同的图中，以适应不同的应用场景。TensorFlow 计算图中的操作可在 CPU、GPU 或 TPU 上执行，由用户自行选择。分布式计算图支持分布式系统对神经网络模型训练任务的分割和并行执行。

3.1.2 TensorFlow 环境搭建

为方便初学者搭建 TensorFlow 环境，本书基于 Anaconda（或 Miniconda）详细说明 TensorFlow 环境搭建，并分别说明 CPU 版和 GPU 版 TensorFlow 的安装。

第一步：从官网下载 Anaconda 或 Miniconda 软件包。笔者推荐使用 Miniconda 搭建 TensorFlow 环境。因为 Miniconda 是高度精简版的 Anaconda，仅包含最基本的组件，安装速度更快、发生依赖冲突的可能性更小，且 Miniconda 允许用户选择不同的 Python 版本，这对于特定版本的 TensorFlow 环境搭建十分关键。

第二步：安装 Miniconda。笔者下载的是 Miniconda3 py38_4.11.0（64 - bit）.exe，py38 表示 python3.8，64 - bit 表示计算机为 64 位操作系统。安装完成后分别把…Miniconda3 \ Library \ usr \ bin、…Miniconda3 \ Library \ bin 和…Miniconda3 \ Scripts 添加到计算机环境变量。图 3 - 1 为 Miniconda 安装界面。

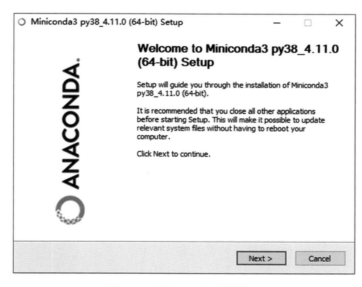

图 3 - 1　Miniconda 安装界面

第三步：为充分利用 GPU 硬件资源，本书以安装 GPU 版本 TensorFlow 为例。打开 Anconda Prompt（miniconda3），在命令行输入：conda install tensorFlow-gpu＝2.6.0，等待完成相关资源包的下载与安装。这里安装的是 2.6.0 版本的 TensorFlow。如果是安装 CPU 版本 TensorFlow 执行命令 conda install tensorFlow 即可。

第四步：安装相关第三方包。在命令行输入：pip install pandas matplotlib notebook keras＝＝2.6.0 和 pip install spyder，完成 pandas、matplotlib、notebook、keras 以及 spyder 编辑器的安装。其中 pandas 是深度学习常用到的数据分析工具，matplotlib 是数据可视化工具（绘图）、notebook（jupyter）是交互的开发环境、spyder 是科学计算集成开发环境（Integrated Development Environment，IDE）。图 3-2 为 Jupyter 交互开发环境和 Spyder 集成开发环境示意图。

图 3-2　Jupyter 交互开发环境和 Spyder 集成开发环境示意图

第五步：测试 tensorFlow-gpu 是否安装成功。图 3-3 为 Jupyter 交互开发环境下 TensorFlow-GPU 安装测试。打开 Jupyter notebook，导入 sys，运行 sys.version 显示 "3.8.12（default，Oct 12 2021，03：01：40）［MSC v.1916 64 bit（AMD64）］"，则表示系统环境 Python 版本号为 3.8.12。然后用 import tensorflow as tf 导入 tensorflow 模块，运行 tf.test.is_gpu_available（），返回结果 True 表示 tensorflow-gpu 安装成功。细心的您肯定发现了系统告警提示 "is_gpu_available（from tensorflow.python.framework.test_util）is deprecated and will be removed in a future version. Instructions for updating：Use `tf.config.list_physical_devices（´GPU´）` instead."这表示 is_gpu_available 在 tensorflow 未来的版本中将被移除，建议使用 tf.config.list_physical_devices（´GPU´）。运行 tf.config.list_physical_devices（´GPU´）后显示［PhysicalDevice（name＝´/physical_device：GPU：0´，device_type＝´GPU´）］，这同样表示 tensorflow-gpu 安装成功。

图 3 - 3　Tensorflow - GPU 安装测试

3.2　遥感影像解译与信息识别

遥感是在不直接接触的情况下，对目标物或自然现象进行远距离探测感知的一门技术。遥感影像（Remote Sensing Image）是记录各种地物电磁波大小的胶皮或者照片，主要包括航空相片和卫星相片等。辐射分辨率和时间分辨率是遥感影像的两个重要参数，前者指探测器或传感器灵敏度——遥感探测器感测元件在接收光谱信号时能分辨的最小辐射度差值，或指对两个不同辐射源辐射量的分辨能力；后者指遥感影像获取的间隔时间——遥感探测器按照一定时间周期重复采集数据，受飞行器轨道高度、轨道倾角、运行周期、轨道间隔等参数影响。

遥感影像解译是对遥感图像所提供的各种目标（地物）特征信息进行分析、推理和判断，最终实现识别目标或现象的目的。先验知识是遥感影像解译的重要参考，包括专业知识、区域背景、解译标志库等。遥感影像解译主要工作包括图像的识别、图像对象的量测、数据定量分析等内容。在遥感影像的解译工作基础上，遥感影像信息识别是对遥感图像上的各种特征进行综合分析、比较推理和判断，识别提取感兴趣的区域或地物信息，这里提到的"特征"一般指能够反映地物光谱信息和空间信息的图像分类处理变量。

遥感平台是遥感影像获取的基础，是指安装遥感探测器的飞行器或其他装置。随着航天技术、传感器技术、控制技术和电子技术、计算机技术和通信技术的飞速发展，多尺度、多层次、多角度和多频谱遥感平台陆续呈现，并对地球进行着连续观测，提供了源源不断的海量遥感数据。根据遥感目的、对象和技术特点，遥感平台总体可分为航天遥感平台、航空遥感平台和地面遥感平台。图 3 - 4 展示了目前常见的遥感平台。

3.2.1　遥感影像解译

遥感影像解译技术随遥感技术发展而发展。遥感测量平台传感器数据需经过特定处理、解译才能成为有用的信息。对遥感图像各种特征进行综合分析和比较推理是遥感解译的主要工作内容，最终实现将遥感信息转换为资源环境等空间地理信息，为社会经济发展等提供可靠的决策参考。遥感影像解译包括目视解译、人机交互解译、半自动解译和智能解译，就目前技术发展水平而言，无论是哪种遥感影像解译技术都不能完全脱离人工的判读，目视解译是遥感解译中无可替代的组成部分，也是与地理学分析方法长期共存的。

3.2.1.1 目视解译

基于遥感图像的色调或色彩（波谱特征）、空间特征（形状、大小、纹理、阴影、位置等），并辅以多种非遥感信息数据，运用地理学相关规律对遥感影像进行由此及彼、由表及里、去伪存真的综合分析和逻辑推理即为人工目视解译。目视解译是对遥感图像的综合分析，一般能够达到较高的专题信息提取精度，特别是对于较强纹理结构特征的遥感影像更是如此。但目视解译方法对技术人员要求相对较高，需要具备多种丰富的地理学、遥感学知识，要求解译人员对目标区域有一定程度的了解。此外，目视解译难以避免因人而异的主观因素，误判可能性较大，且较难完全实现定量描述，与后期遥感数据的模型化定量化有一定差距。而且，目视解译技术费时费力，工作效率相对较低。尽管如此，目视解译仍然是遥感影像解译的重要技术之一。

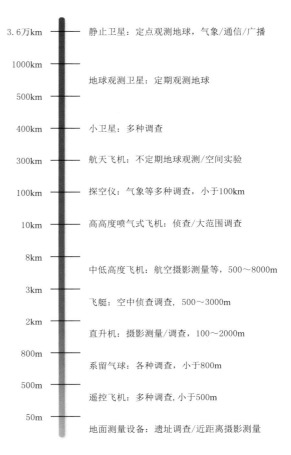

图 3-4　常用的遥感测量平台示意图

3.2.1.2 人机交互解译

20 世纪 70 年代起，研究人员开始利用计算机对卫星遥感图像进行解译研究。起初在数字图像处理软件对卫星遥感图像进行几何纠正、空间配置基础上，辅助遥感解译标志数据，采用人机交互式解译从遥感影像中提取各种地理空间信息。以遥感数字图像为基础信息源，在图像处理软件、地理信息软件等支持下，利用计算机数据处理、图像提取和编辑分析功能，实现对卫星遥感影像解译的方式即为人机交互解译。与目视解译相比，人机交互解译实现了影像、数据和解译成果的对比与合成，在信息识别和结果验证的同时，按照后期数据分析处理要求对遥感影像解译结果进行标注，同时把遥感影像和解译成果以图形与数据集成的形式在专业软件中显示和处理，实现了数字条件下的遥感影像解译。人机交互解译可随时对解译成果进行判读和修改，解决了目视解译结果修改的难点和缺点。此外，人机交互解译加入对遥感影像光谱特征的定量分析，还可以为遥感影像的监督和非监督分类提供数据基础。表 3-2 为几种典型地物信息的解译标志。

表 3 - 2　　　　　　　　　　　　几种典型地物信息的解译标志

序号	地物信息	现场照片	影像截图
1	油气储存与加工工程		
2	露天金属矿		
3	城镇建设用地		
4	涉水交通		
5	林果开发		
6	机场工程		

序号	地物信息	现场照片	影像截图
7	水利水电工程		
8	水田		
9	经果林		
10	水平阶		

3.2.1.3 半自动解译

尽管遥感数据日益丰富，但遥感影像解译技术发展相对滞后，导致遥感数据资源蕴含的知识信息远未得到充分挖掘和利用，出现"数据爆炸但知识贫乏"的现象。20 世纪 80 年代后期，相关学者提出了遥感与地理信息系统一体化问题，有力推动了地理信息系统与遥感影像解译的有机结合，一定程度上解决了遥感影像存在的"同谱异物和同物异谱"等问题，能够得到更为准确的解译成果。遥感影像的半自动解译以遥感图像的监督和非监督分类等为基础，结合必要的人工干预（先验知识）以及非遥感数据，已达到遥感图像信息识别提取的最终目的。表 3-3 为几种常见的监督分类和非监督分类算法的比较结果。

27

表 3 - 3 部分监督分类和非监督分类算法比较

序号	算法名称	备注
1	最大似然法（Maximum Likelihood Method）	监督分类。适用于已有标注数据的监督学习任务。优点是能够使用完整的数据集进行训练，并具有良好的统计学意义；缺点是在数据集的特征较多时，模型参数估计相对困难，容易过拟合
2	支持向量机（Support Vector Machine）	监督分类。适合二分类或多分类问题，通过找到一个最优超平面，将不同类别数据分隔开，使得两侧距离最近的样本点到超平面的距离最大化。对于高维或非线性数据有很好的处理能力，具有较强的泛化性能；缺点是对大规模数据训练的计算复杂度较高
3	人工神经网络（Artificial Neural Network）	监督分类。可用于解决复杂非线性问题，对数据集中的噪声具有很强的容错能力，可以使用梯度下降等优化算法进行训练；缺点是需要大量数据进行训练，而且训练时间较长，可能会出现权值更新停滞的情况
4	最小距离法（Minimum Distance Method）	非监督分类。适用于模板匹配、图像分割等无监督任务。优点是计算简单，容易理解；缺点是对数据分布的假设较强，对噪声和异常点较为敏感
5	K - means 算法（K - means clustering algorithm）	非监督分类。适用于聚类问题，计算简单，容易理解，可以处理大规模数据；缺点是需要人为指定簇的个数，结果受初始中心点的选取影响较大
6	ISODATA 算法（Iterative Self - Organizing Data Analysis Technique Algorithm）	非监督分类。适用于遥感图像分割等领域，能够自动确定聚类数和簇的半径；缺点是对噪声和异常点过于敏感，对于数据集中的噪声或者其他异常值的干扰较大
7	LLE 降维算法（Locally Linear Embedding）	非监督分类。可以对非线性数据进行降维，同时保留数据之间的局部线性关系，能够一定程度上解决"维度灾难"问题；缺点是在线性数据上表现不如 PCA 等方法，计算复杂度较高

监督分类是指事先给定一些含有已知分类的训练样本，通过机器学习等方法，训练一个可识别不同类别目标的分类器，从而实现对未知目标的分类。常用的监督分类算法包括最大似然法（Maximum likelihood method）、最小距离法（Minimum distance method）、支持向量机（Support vector machine，SVM）、人工神经网络等（Artificial neural network，ANN）。非监督分类是一种不需要事先标定训练样本的分类方法，在分类过程中只考虑遥感影像本身的特征和数据分布情况，利用聚类算法或统计学方法对遥感图像进行聚类或分组。非监督分类使用广泛的方法包括 K - means 算法（K - means clustering algorithm）、ISODATA 算法（Iterative Self - Organizing Data Analysis Technique Algorithm）、LLE 降维算法（Locally Linear Embedding algorithm）等。半监督分类是指利用部分已知分类的样本和大量未标记的样本，通过人机交互的方式，进行手动标注和机器学习算法的训练，最终完成对遥感影像的分类和信息提取。半监督分类综合了监督分类和非监督分类的优点，在遥感影像信息识别中具有广泛的应用。

3.2.1.4 智能解译

近年来，随着地理信息系统、人工智能、模式识别、图像理解等相关理论和技术的发展，遥感影像在智能解译方面已经取得长足进步。遥感影像智能解译是指利用人工智能、机器学习等技术，对遥感影像进行自动或半自动分析和解释，以提取有用信息和进行地物分类检测等。遥感影像智能解译技术不仅可以大大提高遥感影像的处理效率，还可以减轻人工解译的工作量，提高解译的准确性和一致性。在遥感影像智能解译中，深度学习技术被广泛应用，基于已有的遥感影像数据样本，对深度学习网络模型进行训练，使得模型能够自动学习特定遥感数据源中各类地物特征和分类规律，进而实现对未知区域遥感影像数据的智能解译。遥感影像地物信息的多样性、复杂性和动态性是遥感影像智能解译面临的最大挑战。

3.2.2 深度学习与遥感影像解译

深度学习作为人工智能领域的一个重要分支，以其优越的表达能力和自学习能力受到广泛关注。基于神经网络的深度学习算法凭借多层次、复杂的结构模型，能够从海量数据中进行图像特征的抽取与学习，为遥感影像解译提供了革命性的工具，一定程度上解决了遥感影像解译的痛点和难点。深度学习通过模拟人脑的分层处理机制，将多个非线性数据映射函数嵌套堆叠形成深层次网络，基于海量样本数据训练而支持逼近任意复杂函数，使得训练模型具有突出的迁移泛化能力。深度学习技术在遥感影像解译中的应用包括遥感影像分类与识别、遥感影像目标检测与跟踪、遥感影像地物提取与变化检测等。图3-5深度学习在遥感影像分类识别中的应用，包括样本数据制作、深度学习模型构建、地物信息识别等技术环节。

尽管人工智能、机器学习与深度学习在遥感影像智能解译工作中已经发挥了重大积极作用，但仍面临不少困难。深度学习模型需要海量高质量标注数据进行训练，获取高质量样本数据仍是目前深度学习在遥感影像智能解译工作中的一项挑战，后续可探索非监督或监督学习方法，尝试利用未标注数据或辅助信息开展模型训练。由于遥感影像复杂的时空特征，导致模型泛化能力仍存在一定局限性，对于不同时空尺度下的遥感影像数据，模型精度与性能可能不够理想。后续需要从利用多源遥感影像、优化深度模型架构、探索超参数最优值等方面提升深度学习模型的可靠性和精度。

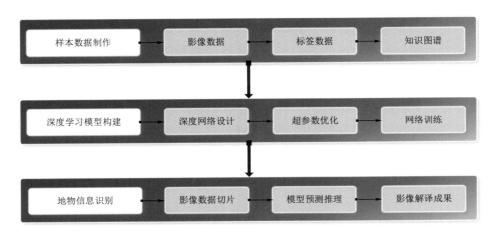

图3-5 深度学习在遥感影像解工作中的一般流程

3.3 卷积神经网络与遥感影像信息识别

本书以 TensorFlow 开源框架为基础，建立遥感影像典型对象（生产建设扰动区域）识别卷积神经网络模型，具体流程如图3-6所示。以 Tf. keras. applications 预训练网络模型迁移学习为例，介绍卷积神经网络模型构建、模型训练、样本数据制作、模型应用等内容。本书中的案例测试平台配置如下：Windows10 Professional（64 bit），CPU 为 Intel（R）Core（TM）i9 - 10980XEH @ 3.00GHz，GPU 为 NVIDIA GeForce RTX3090（24.0G），内存为 256 GB。编程语言为 Python 3.8.5[®]（64 bit）。深度学习平台为 TensorFlow 2.5.0[®]。

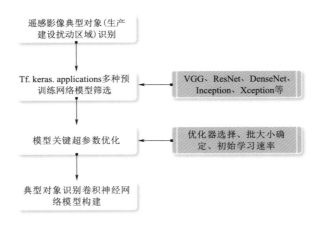

图3-6 生产建设扰动区域识别卷积神经网络模型构建流程

3.3.1 生产建设扰动区域识别

生产建设扰动区域是生产建设活动引起的自然地表破坏和改变的区域，是生产建设活动对生态系统、环境和经济社会系统的负面影响所导致结果。生产建设扰动区域的规模、范围和程度与所涉产业类型、规模、生产方式和管理水平等因素有关，其影响可在建设期、运营期等持续数十年甚至更长时间，因此必须进行有效管理和控制。生产建设扰动区域是人为水土流失的主要策源地。水土流失监管既是水行政主管部门的一项重要法定职责和社会管理职能，更是贯彻落实习近平生态文明思想和"节水优先、空间均衡、系统治理、两手发力"的治水思路、推动生态优先绿色发展的重要政治任务。因此，及时快速发现生产建设扰动区域是履行人为水土流失监管的重要工作内容之一。

3.3.2 样本数据

3.3.2.1 样本数据来源

本书中遥感影像数据源为国产高分1号、2号卫星遥感影像，预处理后影像包含红绿蓝3波段，分辨率为2m。

用于生产建设项目扰动区域识别卷积神经网络模型训练的样本数据来源于 2020 年贵州省安龙县、白云区、碧江区、册亨县、南明区、盘州市、七星关区、兴仁市、兴义市、习水县和修文县 11 个县（市、区）生产建设项目水土保持监管成果数据；2020 年贵州省纳雍县、大方县、凯里市、丹寨县、独山县 5 个县（市）的生产建设项目水土保持监管成果数据用于模型应用效果验证，具体见表 3-4 和表 3-5。

表 3-4　　　　　　　　　　深度学习模型训练样本数据基本信息

行政区	项目类型	扰动图斑数量/个	扰动图斑面积/hm²
安龙县	小计	375	2561.08
	房地产工程	42	250.54
	工业园区工程	9	74.51
	公路工程	32	164.36
	火电工程	1	54.85
	加工制造类项目	40	188.18
	井采金属矿	4	70.32
	井采煤矿	2	8.17
	露天非金属矿	49	265.04
	露天金属矿	27	577.95
	露天煤矿	5	24.00
	农林开发工程	5	66.57
	其他城建工程	11	48.74
	其他电力工程	2	57.56
	其他小型水利工程	1	1.24
	其他行业项目	61	247.30
	社会事业类项目	33	183.63
	输变电工程	5	46.08
	水利枢纽工程	5	93.40
	引调水工程	1	6.27
	油气储存与加工工程	2	1.01
	油气开采工程	1	6.58
白云区	小计	3	13.55
	房地产工程	1	3.56
	加工制造类项目	1	1.33
	其他行业项目	1	8.66
碧江区	小计	453	3119.36
	房地产工程	82	526.94
	工业园区工程	27	162.96
	公路工程	56	417.70

续表

行政区	项目类型	扰动图斑数量/个	扰动图斑面积/hm²
碧江区	加工制造类项目	11	116.94
	露天非金属矿	6	36.31
	农林开发工程	1	2.86
	其他城建工程	46	405.80
	其他行业项目	55	419.84
	社会事业类项目	17	126.42
	输变电工程	3	7.70
	水利枢纽工程	5	35.68
	铁路工程	8	71.83
	引调水工程	1	4.35
	油气储存与加工工程	2	4.45
册亨县	小计	281	1208.61
	房地产工程	17	54.38
	公路工程	54	211.23
	加工制造类项目	37	112.10
	井采金属矿	2	34.57
	露天非金属矿	32	134.60
	露天金属矿	3	30.40
	农林开发工程	5	36.60
	其他城建工程	37	133.44
	其他电力工程	6	183.53
	其他小型水利工程	1	2.17
	其他行业项目	9	20.49
	社会事业类项目	46	123.83
	输变电工程	2	2.15
	水电枢纽工程	1	0.71
	水利枢纽工程	8	35.50
	引调水工程	1	2.76
南明区	小计	66	338.98
	城市管网工程	1	2.78
	房地产工程	28	154.90
	公路工程	6	36.56
	火电工程	1	11.49
	其他城建工程	8	24.07
	其他行业项目	1	12.76
	社会事业类项目	3	12.60
	铁路工程	1	4.44

续表

行政区	项目类型	扰动图斑数量/个	扰动图斑面积/hm²
盘州市	小计	844	6110.78
	房地产工程	58	529.65
	风电工程	23	351.44
	工业园区工程	15	234.67
	公路工程	67	620.87
	火电工程	4	66.10
	加工制造类项目	61	551.51
	井采金属矿	1	20.12
	井采煤矿	44	258.28
	露天非金属矿	148	681.32
	露天金属矿	1	1.31
	露天煤矿	19	131.34
	农林开发工程	27	173.00
	其他城建工程	26	145.00
	其他电力工程	17	380.57
	其他小型水利工程	5	39.76
	其他行业项目	76	499.95
	社会事业类项目	96	709.18
	输变电工程	2	4.87
	水电枢纽工程	1	25.14
	水利枢纽工程	19	95.31
	铁路工程	17	66.14
	引调水工程	2	3.25
	油气储存与加工工程	7	46.77
	油气管道工程	1	1.17
	油气开采工程	5	13.55
七星关区	小计	430	1896.89
	房地产工程	73	383.65
	工业园区工程	1	1.15
	公路工程	37	209.00
	火电工程	2	15.02
	加工制造类项目	24	76.97
	井采金属矿	4	29.64
	井采煤矿	5	14.13
	露天非金属矿	73	379.54

行政区	项目类型	扰动图斑数量/个	扰动图斑面积/hm²
七星关区	露天金属矿	3	21.37
	露天煤矿	1	2.61
	农林开发工程	12	35.75
	其他城建工程	26	139.02
	其他小型水利工程	6	17.99
	其他行业项目	17	62.60
	社会事业类项目	34	128.74
	涉水交通工程	5	22.18
	输变电工程	1	0.46
	水电枢纽工程	1	2.83
	水利枢纽工程	8	23.18
	铁路工程	27	96.73
	引调水工程	1	3.48
	油气储存与加工工程	2	4.73
	油气开采工程	2	5.57
习水县	小计	466	2677.24
	房地产工程	59	229.37
	工业园区工程	3	19.16
	公路工程	100	890.42
	加工制造类项目	25	273.04
	井采煤矿	7	31.73
	露天非金属矿	33	212.80
	露天煤矿	1	4.20
	农林开发工程	11	17.93
	其他城建工程	41	190.43
	其他电力工程	1	7.15
	其他行业项目	27	129.64
	社会事业类项目	43	178.49
	涉水交通工程	1	4.56
	水电枢纽工程	6	44.59
	水利枢纽工程	10	63.96
	油气储存与加工工程	1	14.35
兴仁市	小计	393	2248.96
	房地产工程	38	188.65
	工业园区工程	1	2.99

行政区	项目类型	扰动图斑数量/个	扰动图斑面积/hm²
兴仁市	公路工程	43	343.76
	火电工程	2	80.83
	加工制造类项目	51	159.06
	井采非金属矿	1	1.53
	井采金属矿	2	19.37
	井采煤矿	10	369.33
	露天非金属矿	31	99.06
	露天煤矿	9	58.88
	农林开发工程	4	9.16
	其他城建工程	35	162.85
	其他电力工程	1	56.57
	其他行业项目	41	116.97
	社会事业类项目	53	211.20
	输变电工程	2	6.56
	水利枢纽工程	5	21.38
	引调水工程	3	6.76
	油气储存与加工工程	3	1.41
兴义市	小计	516	3405.96
	房地产工程	80	446.56
	工业园区工程	1	2.22
	公路工程	12	71.01
	灌区工程	1	3.21
	火电工程	4	115.86
	机场工程	1	180.24
	加工制造类项目	59	350.53
	井采非金属矿	1	2.24
	井采煤矿	4	12.84
	林浆纸一体化工程	2	1.73
	露天非金属矿	39	188.56
	露天煤矿	11	41.70
	农林开发工程	6	15.66
	其他城建工程	21	125.89
	其他电力工程	8	341.29
	其他行业项目	45	274.84
	社会事业类项目	38	237.23

续表

行政区	项目类型	扰动图斑数量/个	扰动图斑面积/hm²
兴义市	输变电工程	4	11.67
	水利枢纽工程	16	113.14
	油气储存与加工工程	3	6.48
	油气开采工程	15	113.07
修文县	小计	270	2232.44
	房地产工程	23	139.34
	工业园区工程	5	37.49
	公路工程	10	167.97
	加工制造类项目	63	550.30
	井采金属矿	13	149.87
	井采煤矿	4	20.72
	林浆纸一体化工程	1	3.22
	露天非金属矿	21	142.84
	露天金属矿	3	454.35
	露天煤矿	2	12.48
	农林开发工程	9	41.66
	其他城建工程	12	75.24
	其他行业项目	24	75.94
	社会事业类项目	14	48.93
	水利枢纽工程	7	76.73
	铁路工程	3	13.14
	油气储存与加工工程	1	1.96
	油气管道工程	1	16.02
	油气开采工程	1	1.41
合计		4097	25813.84

表 3-5　　　　　　　　　深度学习模型验证样本数据基本信息

行政区	项目类型	扰动图斑个数/个	扰动图斑面积/hm²
大方县	小计	261	1495.56
	城市管网工程	1	2.77
	房地产工程	25	110.35
	工业园区工程	1	1.07
	公路工程	20	111.03
	加工制造类项目	12	168.06
	井采非金属矿	3	9.32
	井采金属矿	21	95.09

行政区	项目类型	扰动图斑个数/个	扰动图斑面积/hm²
大方县	井采煤矿	19	115.34
	露天非金属矿	30	126.13
	露天煤矿	1	6.02
	农林开发工程	16	93.08
	其他城建工程	19	78.90
	其他行业项目	16	72.14
	社会事业类项目	36	220.74
	水电枢纽工程	2	1.50
	水利枢纽工程	23	89.47
	铁路工程	15	75.41
	油气储存与加工工程	1	0.86
	小计	86	437.02
丹寨县	房地产工程	8	43.13
	公路工程	17	57.06
	加工制造类项目	2	6.82
	井采金属矿	4	19.07
	露天非金属矿	8	24.79
	其他城建工程	7	22.18
	其他电力工程	1	1.68
	其他小型水利工程	1	1.55
	其他行业项目	18	58.54
	社会事业类项目	6	25.54
	水利枢纽工程	12	39.50
	油气开采工程	2	15.97
	小计	357	2698.18
独山县	房地产工程	53	261.74
	风电工程	1	1.15
	工业园区工程	14	114.88
	公路工程	98	996.77
	加工制造类项目	46	246.84
	井采金属矿	1	10.50
	露天非金属矿	20	114.70
	露天煤矿	2	10.63
	农林开发工程	5	10.02
	其他城建工程	25	141.84

续表

行政区	项目类型	扰动图斑个数/个	扰动图斑面积/hm²
独山县	其他电力工程	1	7.57
	其他行业项目	44	207.32
	社会事业类项目	27	164.26
	涉水交通工程	3	29.33
	水电枢纽工程	2	4.25
	水利枢纽工程	1	3.46
	铁路工程	10	77.28
	引调水工程	1	3.82
	油气储存与加工工程	2	26.31
	油气开采工程	1	7.85
凯里市	小计	395	4625.04
	房地产工程	38	233.14
	风电工程	1	2.04
	工业园区工程	5	70.39
	公路工程	84	1192.65
	火电工程	1	11.09
	加工制造类项目	64	318.42
	井采非金属矿	1	10.64
	井采金属矿	8	73.14
	井采煤矿	1	1.43
	露天非金属矿	15	99.22
	露天金属矿	1	5.80
	露天煤矿	7	66.16
	农林开发工程	4	11.74
	其他城建工程	72	721.53
	其他电力工程	1	26.24
	其他小型水利工程	1	1.59
	其他行业项目	42	409.65
	社会事业类项目	28	251.38
	涉水交通工程	1	3.53
	输变电工程	1	3.01
	水电枢纽工程	4	6.53
	水利枢纽工程	8	54.69
	铁路工程	5	29.63
	油气储存与加工工程	1	2.44
	油气开采工程	1	0.71

行政区	项目类型	扰动图斑个数/个	扰动图斑面积/hm²
纳雍县	小计	171	1170.70
	房地产工程	17	122.68
	风电工程	5	48.71
	公路工程	8	23.90
	加工制造类项目	10	38.11
	井采煤矿	22	107.27
	露天非金属矿	38	137.22
	露天金属矿	3	10.20
	露天煤矿	1	1.60
	农林开发工程	2	12.33
	其他城建工程	8	118.04
	其他行业项目	13	60.18
	社会事业类项目	7	67.74
	涉水交通工程	4	23.51
	输变电工程	1	7.44
	水利枢纽工程	10	184.92
	铁路工程	2	10.04
	油气储存与加工工程	1	1.18
	油气开采工程	19	70.54
合计		1270	10426.51

3.3.2.2 生产建设扰动区域面积统计

为确定卫星遥感影像样本数据切片尺度大小，本研究收集了贵州省2018—2021年扰动图斑基本信息，对扰动图斑面积分布进行了统计分析，如图3-7所示。2018年扰动图斑19426个，$1\sim4\text{hm}^2$面积扰动图斑数量占比最大为47.58%，其次为$4\sim9\text{hm}^2$面积扰动图斑数量占比为26.48%，$<1\text{hm}^2$、$9\sim16\text{hm}^2$、$16\sim25\text{hm}^2$、$>25\text{hm}^2$面积扰动图斑数量占比均低于10%，其中$>25\text{hm}^2$面积扰动图斑数量占比最小仅为3.71%。2019年扰动图斑5126个，$1\sim4\text{hm}^2$面积扰动图斑数量占比最大为43.85%，其次为$4\sim9\text{hm}^2$面积扰动图斑数量占比为25.42%，$<1\text{hm}^2$面积扰动图斑数量占比为13.99%，而$9\sim16\text{hm}^2$、$16\sim25\text{hm}^2$、$>25\text{hm}^2$面积扰动图斑数量占比均低于10%。2020年扰动图斑3559个，$1\sim4\text{hm}^2$面积扰动图斑数量占比高达82.23%，其次分别为$4\sim9\text{hm}^2$、$<1\text{hm}^2$、$9\sim16\text{hm}^2$、$16\sim25\text{hm}^2$和$>25\text{hm}^2$面积扰动图斑，占比分别为41.44%、25.84%、15.74%、5.74%和5.20%。2021年扰动图斑3333个，数量占比从大到小分别是$1\sim4\text{hm}^2$面积扰动图斑、$4\sim9\text{hm}^2$面积扰动图斑、$<1\text{hm}^2$面积扰动图斑、$9\sim16\text{hm}^2$面积扰动图斑、$>25\text{hm}^2$面积扰动图斑和$16\sim25\text{hm}^2$面积扰动图斑。最大为47.58%，其次为$4\sim9\text{hm}^2$面积扰动图斑数量占比为26.48%，$<1\text{hm}^2$、$9\sim16\text{hm}^2$、$16\sim25\text{hm}^2$、$>25\text{hm}^2$

面积扰动图斑数量占比均低于 10％，其中＞25hm² 面积扰动图斑仅占比 3.71％。

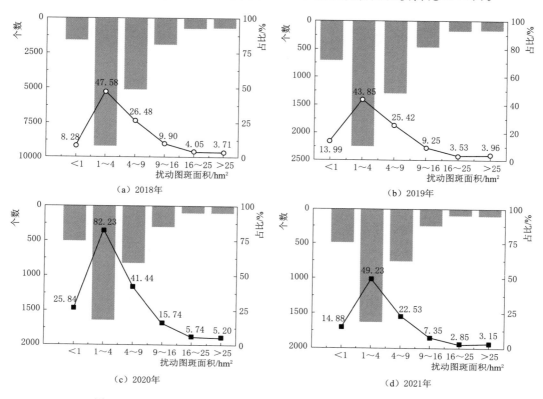

图 3-7　2018—2021 年贵州省生产建设项目扰动图斑面积分布统计

总体而言，贵州省 2018—2021 年生产建设项目扰动图斑 1～4hm² 面积数量占比最大为 47.05％，其次为 4～9hm² 面积数量占比 25.55％；1～9hm² 面积数量占比 72.60％。

3.3.2.3　样本数据制作

图像分类与语义分割是目前遥感影像信息识别、地物分类等较为常用的两个内容。扰动图斑解译勾绘的第一步是要发现、识别遥感影像中生产建设项目扰动区域，这属于卷积神经网络深度学习模型图像分类识别任务，这也是本研究主要目标。由于扰动图斑其自身独特的复杂性，诸如边界不规则、区域模糊、无明显建（构）筑物特征、随建设周期而不同等特点，本研究采用遥感影像切片数据用于对卷积神经网络模型训练和应用效果检验。

图 3-8 为样本数据制作工作流程。具体步骤如下：

（1）收集研究区（一般以县域为单位）边界矢量文件（记为"数据1"）、生产建设项目扰动图斑矢量成果数据（记为"数据2"）、高分遥感影像（记为"数据3"），上述文件坐标系均为 CGCS2000 三度带高斯克吕格投影坐标系。

（2）使用"数据1"，基于 Arcpy 模块的 arcpy.CreateFishnet_management 生成目标尺度（如 300m×300m）的渔网矢量文件（记为"数据4"），给"数据4"新建字段 Flag（类型为整型）。

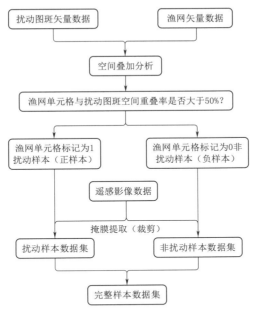

图 3-8 模型样本数据制作流程

（3）将"数据 4"和"数据 2"进行空间叠加分析，渔网单元格与扰动图斑空间位置重叠率大于 50% 的将 Flag 字段标记为 1（代表该区域存在生产建设项目扰动），否则标记为 0（代表该区域不存在生产建设项目扰动）。

（4）使用"数据 4"按照字段 Flag 裁剪提取"数据 3"，其中 Flag＝1 的裁剪得到的栅格数据以"dis_"命名，表示为扰动区域切片数据；Flag＝0 的裁剪得到的栅格数据以"undis_"命名，表示为非扰动区域切片数据；将上述两类数据合并得到完整的数据集。上述各工作步骤可借助 Python 和 Arcpy 高防 API 编程自动化完成。图 3-9 和图 3-10 是部分扰动和非扰动区域样本数据实例。

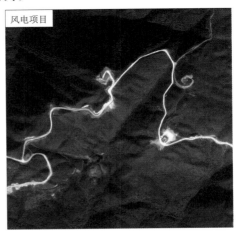

图 3-9（一） 部分生产建设扰动区域样本数据实例

图 3-9（二）　部分生产建设扰动区域样本数据实例

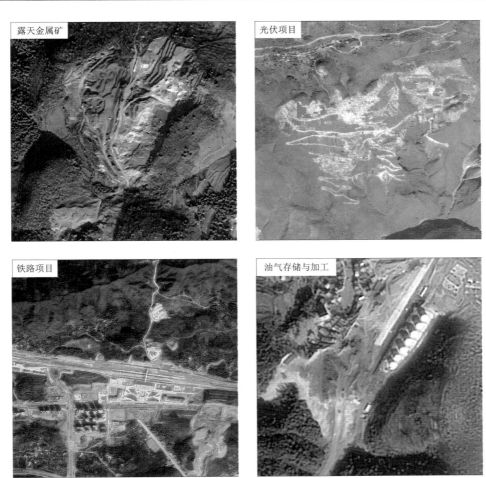

图 3-9（三）　部分生产建设扰动区域样本数据实例

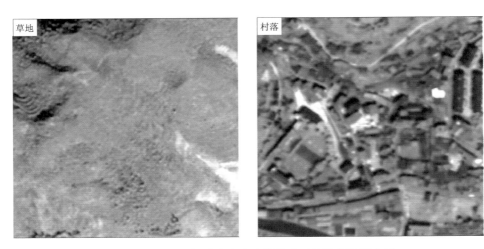

图 3-10（一）　部分非生产建设扰动区域样本数据实例

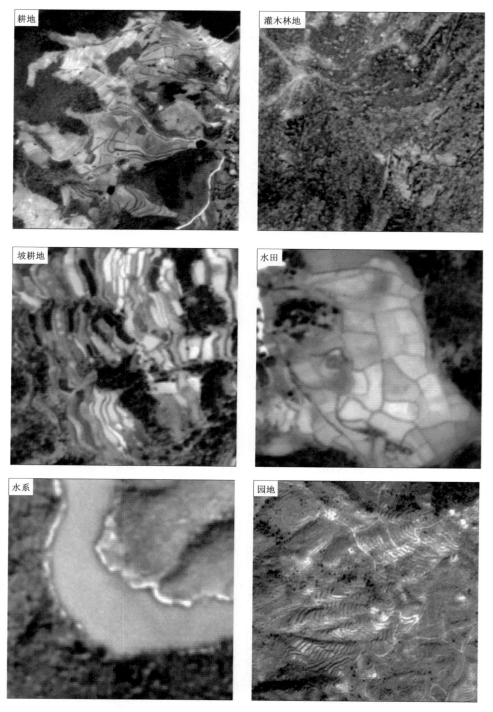

图 3-10（二）　部分非生产建设扰动区域样本数据实例

　　用于模型训练的样本数据有 709834 个，其中扰动样本数据有 5925 个。用于模型检验的样本数据有 204711 个，其中扰动样本数据有 1077 个，具体见表 3-6。

表 3 - 6 深度学习模型训练和检验样本集

序号	行政区	样本总数	扰动样本总数	扰动样本占比/%	备注
1	安龙县	53412	836	1.565	
2	白云区	4992	287	5.749	
3	碧江区	21857	453	2.073	
4	册亨县	62241	294	0.472	
5	呈贡县	15427	133	0.862	
6	赤水市	42943	132	0.307	
7	南明区	3756	490	13.046	训练样本
8	盘县	93283	810	0.868	
9	七星关区	73897	259	0.35	
10	威宁彝族回族苗族自治县	146272	538	0.368	
11	兴仁县	71008	237	0.334	
12	兴义市	37316	487	1.305	
13	习水县	59526	551	0.926	
14	修文县	23904	418	1.749	
	小　计	709834	5925	0.835	
1	大方县	44655	218	0.488	
2	丹寨县	11692	59	0.505	
3	独山县	56711	250	0.441	检验样本
4	凯里市	33817	427	1.263	
5	纳雍县	57836	123	0.213	
	小　计	204711	1077	0.526	

3.3.3 卷积神经网络模型构建

3.3.3.1 卷积神经网络模型筛选

目前深度学习卷积神经网络模型有很多种,包括 VGG16/19、ResNet、Inception、DenseNet、Xception 等,不同模型及其更新版本在不同方面均表现出不同的优点。VGG (Visual Geometry Group Network) 由牛津大学 Oxford Visual Geometry Group 提出,VGG 模型是 2014 年 ILSVRC (ImageNet Large Scale Visual Recognition Challenge) 竞赛的第二名。由于 VGG 模型相对简单的结构和稳定性能,至今仍被广泛学习和使用于计算机视觉领域的研究工作。ResNet (Residual Network) 基于残差学习 (Residual Learning) 较好地解决了深度网络退化的问题。Inception 模型由 Google 提出,旨在解决网络深度增加的同时提升分类性能,避免如 VGG 模型随深度增加出现的性能饱和而难以收敛的困境;此外,Inception 模型在提升分类准确率的同时可最大程度降低计算资源的开销。DenseNet 脱离了 ResNet 加深网络层数以及 Inception 加宽网络结构来提升网络性能的方式,从图像特征的角度考虑,基于图像特征重用和旁路设置达到更好的效果和更少的参数。DenseNet 模型减轻了模型训练时梯度消失的问题、增强了图像特征 （Feature）的传递和重用，大大减少了模型训练参数。Xception 是 Google 对 InceptionV3 的改进。Xception 模型基于 ResNet，将其中的卷积层换成了 Separable Convolution，在保证模型分类精度的同时一定程度降低了模型体量。

为筛选出适用于生产建设项目扰动区域自动识别工作的卷积神经网络模型，本研究分别使用了 12 个卷积神经网络主干模型用于生产建设项目扰动区域自动识别深度学习模型训练，基于模型训练结果定量指标，采用相对差距和评价法优选确定了适用于生产建设项目扰动区域自动识别工作的卷积神经网络模型。12 个卷积神经网络模型分别为：VGG16、VGG19、ResNet50、ResNet101、ResNet152、Xception、Inception、Inception_ResNet、DenseNet121、DenseNet169、DenseNet201 和自主搭建的 PrivateNet（网络结构如图 1 - 6 所示），上述 12 个模型编号依次为 1～12。

1～11 号模型不包括原模型全连接层 （include_top＝False），全连接层包括二维全局平均池化层 1 个 Dense 层 3 个，本研究属于多分类中最简单的二分类问题，因此最后 1 个 Dense 层激活函数采用 Softmax。全连接层代码具体如下：

```
tf. keras. layers. GlobalAveragePooling2D(),
tf. keras. layers. Dense(1024, activation='relu'),
tf. keras. layers. Dropout(0.5),
tf. keras. layers. Dense(512, activation='relu'),
tf. keras. layers. Dropout(0.5),
tf. keras. layers. Dense(2, 'softmax')
```

3.3.3.2　关键超参数最优值确定

优化器算法、学习速率、批大小等是影响卷积神经网络模型训练结果的关键超参数。深度学习中常用优化器算法包括 SGD （Stochastic Gradient Descent）、Adagrad （Adaptive gradient algorithm）、Adadelta （Adaptive Delta）、RMSProp （Root Mean Squared Propagation）、Adam （Adaptive Moment Estimation）、Adamax （Adaptive Moment Estimation for Sparse Data using Infinity Norm）、Nadam （Nesterov-accelerated Adaptive Moment Estimation） 等。SGD 算法训练速度较快，但在搜索最优解的过程中具有一定盲目性，导致迭代次数较多。Adagrad 适用于离散稀疏数据图像分类问题。RMSprop 由 Geoff Hinton 提出的一种自适应学习率方法，使用指数加权平均值的算法，允许单独调整模型每个参数的学习速率，该优化器适用于处理非平稳目标，可缓解梯度急速下降的问题。Adam 可获得较为平稳的梯度变化过程，适用于大多非凸优化以及大数据集和高维空间。Adamax 是 Adam 的一种变体，此方法对学习速率的上限提供了一个更简单的范围。Nadam 类似于带有 Nesterov 动量项的 Adam，强化了对学习速率的约束，同时对梯度的更新也有更直接的影响。一般而言，使用 RMSProp 或 Adam 能取得良好效果的情况下，使用 Nadam 可取得更好的训练效果。此外，学习速率和批大小也对深度学习模型产生重要影响。总体而言，Adagrad、Adadelta、RMSprop 和 Adam 属于自适应算法，适用于稀疏数据；其中 Adadelta、RMSprop 和 Adam 在多数情况下训练效果基本相当；SGD 算法一般能够达到全局最优值，但其迭代训练耗时相对较长，还有可能陷入局部极值点；如果优化器算法不确定，一般选择 Adam 算法能够取得较为理想的效果。

　　学习速率是卷积神经网络深度学习中的一个超参数，它控制模型根据损失梯度调整网络权重的大小。一般而言，学习速率越小，网络权值调整越小，这样能确保模型不会错过最优值，但需要更多的训练步骤才能实现模型收敛。学习速率过小，会显著降低收敛速度，增加模型训练时间；而学习速率过大，可能导致参数在最优解两侧来回振荡。图 3-11 展示了不同学习速率对卷积神经网络模型训练结果的影响。本研究采用 6 种学习速率（10^{-2}、10^{-3}、10^{-4}、10^{-5}、10^{-6} 和 10^{-7}）分别对模型进行训练，对比研究既定优化器算法的情况下的最优学习速率。

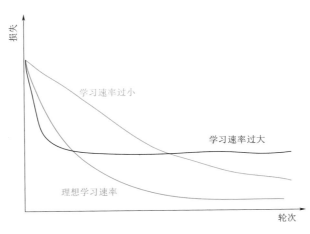

图 3-11　不同学习速率对卷积神经网络模型训练结果的影响

　　一般而言，对于固定优化器算法和学习速率存在一个最优的批大小能够实现最优测试精度。合适的批大小参数可以显著提高内存利用效率，减少模型训练的迭代次数，模型权重调整方向越准确、引起训练振荡越小，有助于模型收敛稳定。当批大小参数无限增加时（超过一个临界点），会导致降低模型的泛化能力。有研究表明较大的批大小参数促使模型收敛到 Sharp Minimum，而较小的批大小参数促使模型收敛到 Flat Minimum，而后者具有更好的泛化能力，具体如图 3-12 所示。本研究采用 5 种批大小（8、16、32、64 和 128）分别对深度学习进行训练，对比分析不同批大小对模型训练结果的影响，以优选确定最优批大小参数值。

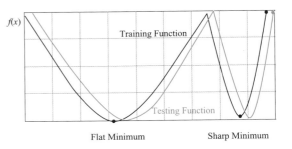

图 3-12　不同批大小对模型训练过程
收敛极值的影响

3.3.3.3　模型筛选及超参数优化评价指标

　　1. 卷积神经网络模型筛选评价指标

　　各卷积神经网络模型适用性筛选评价指标包括模型总参数（Total Parameters，TP）、可训练参数（Available Parameters，AP）、模型收敛所需要的训练次数（Converge

Trained Times，CTT）、模型收敛后训练和验证误差平均值（Trained and Verified Errors Average，TVA）、模型训练耗时（Consumed Time，CT），以及模型训练过程训练精度（Model Trained Accuracy，M_{TA}）及模型验证损失（Model Trained Loss，M_{TL}）7 个评价指标。

TP、AP 可反映模型占用资源情况，参数量越多模型训练中所使用计算资源越多，模型移植性、推广性相对较差，二者可利用 Tensorflow 的 API 函数 model. summary 计算得到。CTT 可反映模型训练过程中的收敛速度，训练次数越少模型收敛速度越快。TVA 可反映模型训练过程中是否发生过拟合或欠拟合的问题发生，该值越小表明模型训练拟合效果越好。CTT 和 TVA 根据模型训练结束后的训练和验证精度及损失曲线计算得到。CT 可反映模型训练中占用资源的持续时间，该值越小表明模型性能越优秀。M_{TA} 和 M_{TL} 直接反映了模型精度及适用性，二者可由 TensorFlow 的 API 函数 model. evaluate 计算得到。

2. 关键超参数最优值确定评价指标

当关键超参数取值较为糟糕时，模型训练难以收敛，导致关键超参数最优值评价指标不能直接使用上述提到的 7 个评价指标。关键超参数最优值确定评价指标包括如下 5 个指标：模型训练过程连续两步验证损失减少率的方差 S^2、50 个 Epoch 后训练和验证误差平均值（Trained and Verified Errors Average after 50 Epochs，TVA_{50}）、CT，以及 M_{TA} 和 M_{TL}。S^2 和 TVA_{50} 根据模型训练结束后的训练和验证精度及损失曲线计算得到。

3. 评价方法

（1）各评价指标权重确定方法。层次分析法（Analytic Hierarchy Process，AHP）是一种系统性的评价方法，由美国匹兹堡大学的教授 Saaty 在 20 世纪 70 年代提出。这种方法整合了以往评价方法中的定性和定量两个方面，模拟人工智能的决策思维过程。它具有简单、易于推广、思路清晰和系统性强的特点，是解决多目标、多因素、多准则复杂大系统问题的有效工具。使用层次分析法确定各评价指标权重的步骤包括：①对各个评价指标进行重要性排序，并建立一个判断矩阵。判断矩阵中的元素是经过量化的，具体的量化标准如表 3 - 7 所示。这个步骤是根据相对重要性来进行排序的，相对重要的指标会得到更高的权重。②根据判断矩阵来计算各个评价指标的权重值。这个步骤是通过数学计算完成，具体的方法包括特征向量法、和积法等。③计算判断矩阵的一致性指标（Consistency Index，CI）和一致性比例指标（Consistent Ratio，CR）。当 CR 小于 0.1 时，认为判断矩阵通过了一致性检验。如果 CR 大于 0.1，则需要对判断矩阵进行修正并重新计算。这个步骤是为了保证判断矩阵的逻辑一致性，避免出现矛盾的判断。

表 3 - 7　　　　　　　　层次分析法判断矩阵元素数量化方法

量化值	含　义	量化值	含　义
1	两个因素具有同等重要性	7	一个因素较另一个因素强烈重要
3	一个因素较另一个因素稍微重要	9	一个因素较另一个因素极端重要
5	一个因素较另一个因素明显重要	2、4、6、8	上述两相邻判断中值

通过层次分析法，可以定量地确定各个评价指标的权重，为进一步的评价和决策提供可靠的依据。这种方法在各个领域都有广泛的应用，如政策制定、项目评估、企业管理等。它

不仅可以帮助我们理清复杂的决策问题，还可以帮助我们更好地理解和解决问题。

经计算，卷积神经网络模型筛选评价指标权重和关键超参数最优值确定评价指标权重分别见表3-8和表3-9，两表中判断矩阵 CR 值均小于0.1，通过一致性检验，所确定的指标权重值是可信有效的。

表3-8　　　　　　　　层次分析法确定7个评价指标权重计算表

指标	M_{TA}	M_{TL}	TVA	CTT	CT	TP	AP	行相乘	开 n 次方	权重 w_i	Aw_i	Aw_i/w_i	CI	CR
M_{TA}	1	1	2	3	3	4	4	288	2.2456	0.26680	1.8823	7.05522		
M_{TL}	1	1	2	3	3	4	4	288	2.2456	0.26680	1.8823	7.05522		
TVA	0.5	0.5	1	2	2	3	3	9	1.3687	0.16261	1.1491	7.06647		
CTT	0.3333	0.3333	0.5	1	1	2	2	0.2222	0.8066	0.09583	0.6751	7.04422	0.0090	0.0068
CT	0.3333	0.3333	0.5	1	1	2	2	0.2222	0.8066	0.09583	0.6751	7.04422		
TP	0.25	0.25	0.3333	0.5	0.5	1	1	0.0052	0.4719	0.05606	0.3956	7.05598		
AP	0.25	0.25	0.3333	0.5	0.5	1	1	0.0052	0.4719	0.05606	0.3956	7.05598		
									8.4171			7.05390		

注　M_{TA}、M_{TL}、TVA、CTT、CT、TP、AP 分别表示模型训练精度、模型训练损失、模型收敛后训练和验证误差平均值、模型收敛所需要的训练次数、模型训练耗时、模型总参数、模型可训练参数。

表3-9　　　　　　　　层次分析法确定5个评价指标权重计算表

指标	M_{TA}	M_{TL}	TVA_{50}	S^2	CT	行相乘	开 n 次方	权重 w_i	Aw_i	Aw_i/w_i	CI	CR
M_{TA}	1	1	2	3	4	24.000	1.8882	0.3184	1.6153	5.0732		
M_{TL}	1	1	2	3	4	24.000	1.8882	0.3184	1.6153	5.0732		
TVA_{50}	0.5000	0.5000	1	2	3	1.5000	1.0845	0.1829	0.9336	5.1056	0.0283	0.0252
S^2	0.3333	0.3333	0.5000	1	2	0.1111	0.6444	0.1087	0.5557	5.1144		
CT	0.2500	0.3333	0.3333	0.5000	1	0.0139	0.4251	0.0717	0.3727	5.1989		
							5.9304			5.1130		

注　M_{TA} 和 M_{TL} 分别为模型训练精度和损失，TVA_{50}、S^2、CT 分别为50个Epoch后训练损失和验证损失误差绝对值的平均值、连续两步验证损失减少率的方差和模型训练耗时。

（2）综合评价方法。采用相对差距和评价法对多个卷积神经网络模型和多个关键超参数进行定量评价，以获得最适合的卷积神经网络模型和关键超参数最优值。

相对差距和评价法直观、易懂、计算简便，可以直接用原始数据进行计算，避免因其他运算而引起的信息损失。该法考虑了各评价对象在全体评价对象中的位置，避免了各被评价对象之间因差距较小，不易排序的困难。假设有 M 个待评价方案，各方案有 n 项评价指标，评价对象数据集合为 O_j（O_{1j}、O_{2j}、O_{3j}、$\cdots$、O_{nj}），其中 $1 \le j \le M$。最优评价对象集合为 O_{op}（O_1、O_2、O_3、$\cdots$、O_n），O_{op} 确定方法为：越大越好的指标选择所有方案中该项指标最大值，反之选择最小值。则相对差距和（D）计算公式为

$$D = \sum_1^n \frac{W_i\,|O_i - O_{ij}|}{2M_i}$$

式中：W_i 为第 i 项指标权重系数，可由层次分析法计算确定；M_i 为各待评价方案第 i 项指标中位数。计算结果 D 值越小表明该方案越接近最优方案。

3.3.3.4　模型应用效果检验

利用"检验样本"对建立的深度学习模型进行应用效果检验，通过计算模型识别分类结果的整体准确率（Overall accuracy，O_A）、扰动样本查准率（Precision rate of disturbance sample data，P_R）、扰动样本查全率（Recall rate disturbance sample data，R_R）和 F_1 得分值（F_1 score，F_S，该值为 P_R 和 R_R 的调和平均数，其值越大表明模型泛化能力越强、精度越高），上述 4 个指标值越大越好。各指标计算公式如下：

$$O_A=(T_P+T_N)/(T_P+T_N+F_P+F_N)\times100\%$$
$$P_R=T_P/(T_P+F_P)\times100\%$$
$$R_R=T_P/(T_P+F_N)\times100\%$$
$$F_S=2P_RR_R/(P_R+R_R)\times100\%$$

式中：T_P 表示实际为扰动样本，且模型识别为扰动样本（识别分类正确）；F_P 表示实际为非扰动样本，但模型识别为扰动样本（识别分类错误）；F_N 表示实际为扰动样本，但模型识别为非扰动样本（识别分类错误）；T_N 表示实际为非扰动样本，且模型识别为非扰动样本（识别分类正确）。

3.3.3.5　不同卷积神经网络模型筛选

采用批大小为 64、初始学习速率为 10^{-2}、学习速率衰减速率为 0.1、学习衰减变化等待步数为 10，对 12 个深度学习卷积神经网络模型进行训练，以优选出适用于生产建设项目扰动区域自动识别的卷积神经网络模型。图 3-13 为不同深度学习卷积神经网络模型训练过程中模型训练（Train）及验证（Verify）精度、损失变化曲线。

从模型训练耗时看，VGG16 和 VGG19 模型训练耗时相对较小，分别为 13436.0s 和 15543.6s；其次为 Inception 模型训练耗时为 25314.7s；ResNet50、ResNet101 和 ResNet152 模型耗时总体相当，模型训练耗时平均值为 30219.1s；PrivateNet 训练耗时为 33930.4s；DenseNet121、DenseNet169、DenseNet201 和 Inception_ResNet 模型训练耗时相对较大，在 38000～60000s 之内；Xception 模型训练耗时最大为 65697.8s。

Inception_ResNet 模型训练收敛速度最快，在第 29 个 Epoch 后模型连续两个 Epoch 验证损失（Verify Loss）间变化均小于 5%，模型训练及验证精度基本趋于稳定；DenseNet121、Xception、Inception、VGG19 和 DenseNet201 模型训练收敛速度在十二个模型中相对适中，基本在 30～60 个 Epoch 后模型连续两个 Epoch 验证损失（Verify Loss）间变化均小于 5%，模型训练及验证精度基本趋于稳定；VGG16、ResNet50、ResNet101、ResNet152、DenseNet169 模型训练收敛速度相对较慢，在 60～90 个 Epoch 后模型连续两个 Epoch 验证损失（Verify Loss）间变化才小于 5%；PrivateNet 直到 100 个 Epoch 结束后连续两个 Epoch 验证损失（Verify Loss）间变化仍大于 5%。

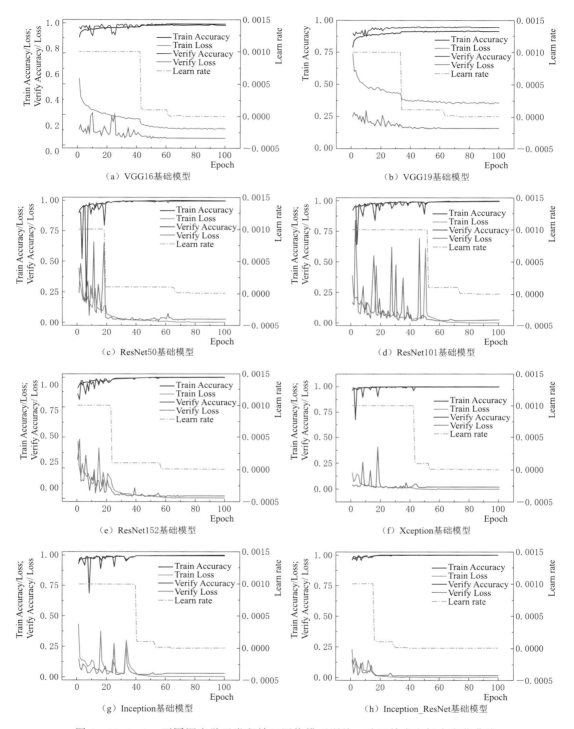

图 3-13（一）　不同深度学习卷积神经网络模型训练、验证精度和损失变化曲线

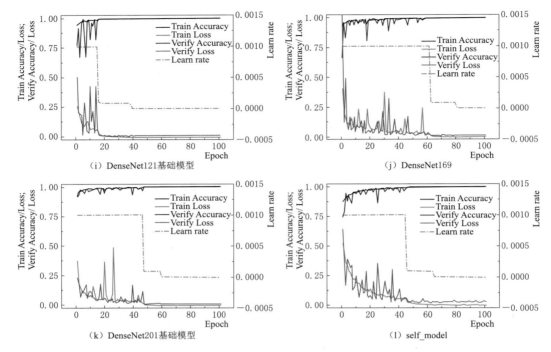

图 3-13（二）　不同深度学习卷积神经网络模型训练、验证精度和损失变化曲线

模型收敛后 DenseNet201、DenseNet169、Inception_ResNet、ResNet152、DenseNet121、Xception 六个模型训练损失（Train Loss）和验证损失（Verify Loss）差值绝对值均小于 2%，表明模型训练及拟合结果良好；ResNet101、ResNet50、Inception 模型训练损失（Train Loss）和验证损失（Verify Loss）差值绝对值均小于 5%，说明模型未出现欠拟合或过拟合问题发生；VGG16 和 VGG19 模型训练损失（Train Loss）和验证损失（Verify Loss）差值绝对值分别为 7.62% 和 20.07%，说明模型训练过程出现了较为严重的过拟合或欠拟合过程，模型稳定性及泛化能力较差。

Xception 模型验证精度（Verify Accuracy）最大为 0.9981，其验证损失（Verify Loss）为 0.0190。此外，验证精度超过 0.9950 的模型有 DenseNet169、DenseNet201、Inception_ResNet、DenseNet121、ResNet50、ResNet101、ResNet152，上述七个模型验证损失（Verify Loss）也均小于 0.0300。PrivateNet、Inception、VGG16 三个模型验证精度分别为 0.9946、0.9940 和 0.9653，验证损失分别为 0.0286、0.0327 和 0.0794。VGG19 模型验证精度低于 0.9500、验证损失达到了 0.1571，见图 3-14。

表 3-10 为 12 个深度学习模型训练结果及卷积神经网络参数统计汇总表。根据表 3-8 中 7 个评价指标权重值，采用相对差距和评价法对上述 12 个模型进行综合评价，各模型相对差距和分别为 $D_{VGG16}=2.0675$、$D_{VGG19}=4.9717$、$D_{ResNet50}=0.5552$、$D_{ResNet101}=0.4758$、$D_{ResNet152}=0.3013$、$D_{Xception}=0.3619$、$D_{Inception}=0.6419$、$D_{Inception\_ResNet}=0.0.3108$、$D_{DenseNet121}=0.2207$、$D_{DenseNet169}=0.2131$、$D_{DenseNet201}=0.2182$、$D_{PrivateNet}=0.8936$。模型 DenseNet169 相对差距和值最小，表明该模型为最优模型；VGG19 模型相

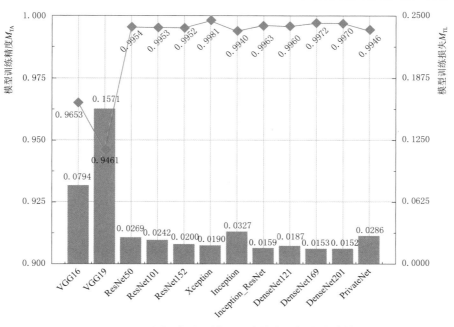

图 3-14 不同深度学习模型训练精度和损失统计结果

对差距和最大，该模型效果最差，这与图 3-13 训练精度及损失、验证精度及损失变化曲线的总体分析结果是一致的。因此，选择 DenseNet169 卷积神经网络模型作为生产建设项目扰动区域自动识别深度学习基础模型。

表 3-10 不同深度学习模型性能评价结果汇总表

序号	模型基础架构	总参数	可训练参数	模型收敛训练次数①	模型收敛后训练和验证误差平均值②	模型训练耗时/s	模型训练	
							精度	损失
1	VGG16	15765826	1051138	61	0.0762	13436.0	0.9653	0.0794
2	VGG19	21075522	1051138	56	0.2007	15543.6	0.9461	0.1571
3	ResNet50	26211714	26158594	85	0.0248	30475.0	0.9954	0.0269
4	ResNet101	26211714	26158594	80	0.0229	30606.1	0.9953	0.0242
5	ResNet152	26211714	26158594	71	0.0155	30219.1	0.9952	0.0200
6	Xception	23485482	23430954	53	0.0187	65697.8	0.9981	0.0190
7	Inception	24426786	24392354	54	0.0284	25314.7	0.9940	0.0327
8	Inception_ResNet	56436450	56375906	29	0.0146	55632.7	0.9963	0.0159
9	DenseNet121	8612930	8529282	48	0.0175	38058.6	0.9960	0.0187
10	DenseNet169	14873666	14715266	85	0.0138	47443.3	0.9972	0.0153
11	DenseNet201	20814914	20585858	60	0.0133	59483.4	0.9970	0.0152
12	PrivateNet	10467906	10462018	100	0.0548	33930.4	0.9946	0.0286

① 当前后两次模型验证损失减少比例持续小于 5% 的训练循环次数，该指标可反映模型训练的收敛速度，该值越小表示模型收敛越快；

② 模型收敛后，训练损失和验证损失差值绝对值和的平均值，该值可反映模型训练是否过拟合或欠拟合，该值越小表示模型训练拟合效果越好。

3.3.3.6　卷积神经网络模型超参数最优化

1. 优化器算法优选

采用 DenseNet169 基础网络架构，学习速率为 10^{-5}、批大小为 64、最大训练次数为 100，采用不同优化器算法对模型进行训练，以优选确定适用于本研究的优化器算法。图 3-15 为不同优化器算法 DenseNet169 模型训练、验证精度和损失变化曲线。

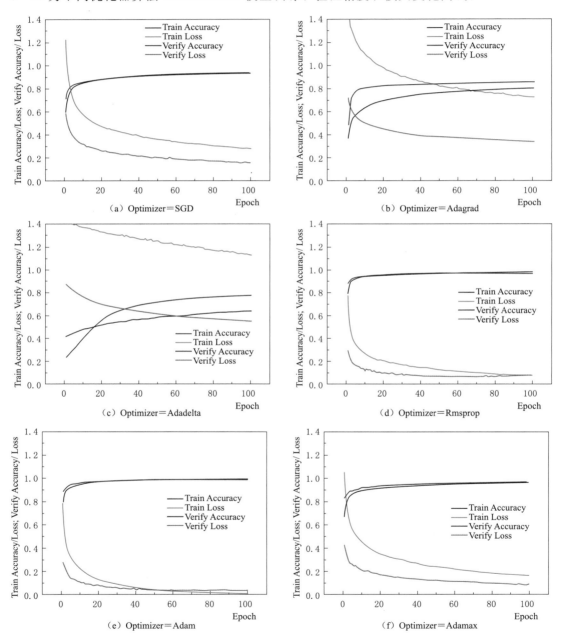

图 3-15（一）　不同优化器算法 DenseNet169 模型训练、验证精度和损失变化曲线

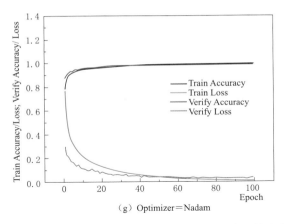

（g）Optimizer＝Nadam

图 3-15（二） 不同优化器算法 DenseNet169 模型训练、验证精度和损失变化曲线

从模型训练耗时看，7 个优化器算法耗时总体基本相当，平均为 25720.24±3841.74s，其中 Adadelta 优化器算法训练耗时最大为 31122.13s，其次为 Adagrad，其余 5 个优化器算法训练耗时均超过 30000s，RMSProp 优化器算法训练耗时最小为 22351.82s。

模型训练损失和验证损失误差可直接反映模型训练效果，特别是模型训练是否产生欠拟合或过拟合。本研究使用 50 个 Epoch 后训练损失和验证损失误差绝对值的平均值（TVA_{50}）定量反映模型训练过拟合或欠拟合的情况。SGD、Adagrad 和 Adadelta 三个优化器算法而言，TVA_{50} 值均超过 10%，其中 Adadelta 算法 TVA_{50} 值最大为 60.81%，上述三个优化器算法训练结果均存在较为严重的欠拟合或过拟合问题，100 个 Epoch 训练结束后 Adagrad 和 Adadelta 优化器算法仍未达到收敛。Adamax 优化器算法对应的 TVA_{50} 值也达到了 9.48%，表明该优化器算法训练结果也产生了一定程度的欠拟合问题。RMSProp、Adam、Nadam 栅格优化器算法的 TVA_{50} 值均低于 5%，这三个优化器算法训练结果较好，其中 Adam 优化器算法训练最好，TVA_{50} 值仅为 1.57%。

模型训练过程连续两步验证损失减少率方差（S^2）可反映模型训练过程的稳定性，是否有产生跳跃突变的现象发生。7 个优化器算法 S^2 值平均为 0.156%，模型训练中均发生突变与跳跃，模型训练过程基本平稳。其中 SGD、Adagrad、Adadelta 和 Adamax 四个优化器算法 S^2 值均小于 0.1%，模型训练稳定性最好；RMSProp、Adam 和 Nadam 三个优化器算法 S^2 值较前四个 S^2 值偏大，也均小于 0.5%。

Nadam 优化器算法模型训练验证精度（Verify Accuracy）最大为 0.9915，其验证损失（Verify Loss）为 0.0333。其次为 Adam 优化器算法模型训练验证精度为 0.9912，验证损失为 0.0349。模型训练验证精度超过 90% 的优化器还有 RMSProp、Adamax、SGD 三个优化器算法，其中 RMSProp 和 Adamax 优化器算法验证损失均小于 10%，而 SGD 优化器算法验证损失为 0.1574。Adagrad 优化器算法验证精度和验证损失分别为 0.8595 和 0.3443。Adadelta 优化器算法模型训练效果最差，验证精度和验证损失分别为 0.7751 和 0.5474，见图 3-16。

表 3-11 为 7 种优化器算法模型训练结果统计表。根据表 3-9 中 5 个评价指标权重值，采用相对差距和评价法基于 7 个优化器算法模型训练结果（表 3-11），对 7 个优化器

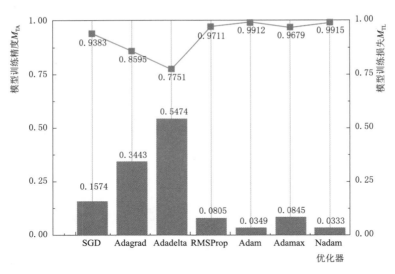

图 3 - 16　不同优化器算法 DenseNet169 模型训练精度及损失统计结果

算法进行综合评价，结果表明 7 个优化器算法相对差距和分别为 $D_{SGD} = 0.4004$、$D_{Adagrad} = 1.0127$、$D_{Adadelta} = 1.5884$、$D_{RMSProp} = 0.2429$、$D_{Adam} = 0.1986$、$D_{Adamax} = 0.2350$ 和 $D_{Nadam} = 0.2872$。其中 Adam 优化器算法相对差距和最小，表明该优化器算法最优，Adagrad 和 Adadelta 优化器算法相对差距和最大，使用该优化器算法模型训练效果最差。各优化器算法相对差距和排序结果和各优化器算法模型训练精度及损失、验证精度及损失变化曲线（图 3 - 15）的总体分析是一致的。

表 3 - 11　　　　　　　　不同优化器 DenseNet169 模型训练结果汇总表

优化器	连续两步验证损失减少率的方差 S^2	50 个 Epoch 后训练损失和验证损失误差绝对值的平均值（TVA_{50}）	耗时/s	模型训练	
				精度	损失
SGD	0.0005	0.1382	25511.2	0.9383	0.1574
Adagrad	0.0002	0.4111	30909.0	0.8595	0.3443
Adadelta	0.0000	0.6081	31122.1	0.7751	0.5474
RMSProp	0.0021	0.0292	22351.8	0.9711	0.0805
Adam	0.0029	0.0157	22596.5	0.9912	0.0349
Adamax	0.0008	0.0948	25142.9	0.9679	0.0845
Nadam	0.0043	0.0148	22408.2	0.9915	0.0333

因此，选择 Adam 作为 DenseNet169 基础模型训练的优化器算法。

2. 批处理大小优选

采用 DenseNet169 基础网络架构，优化器算法为 Adam、学习速率为 10^{-5}、最大训练次数为 100，采用不同批大小数值对模型进行训练，以优选确定适用于本研究的优化器算法。图 3 - 17 为不同优化器算法 DenseNet169 模型训练、验证精度和损失变化曲线。

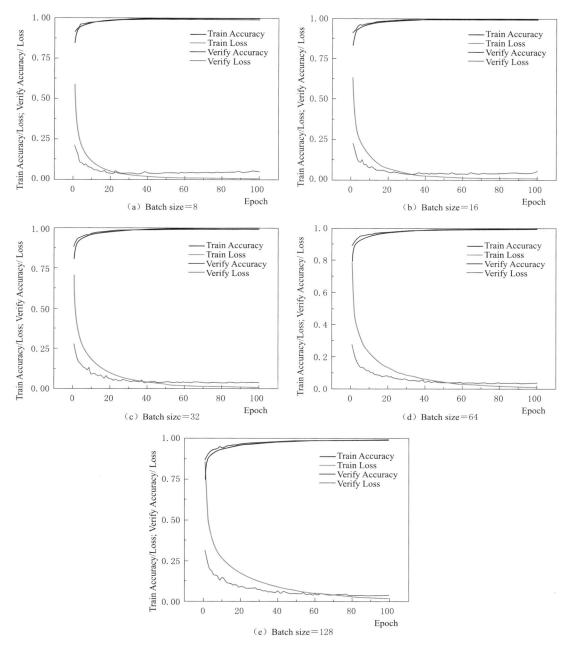

图 3-17　不同批大小 DenseNet169 模型训练、验证精度和损失变化曲线

批处理大小对模型训练耗时影响较大，随着批处理大小的增加模型训练耗时逐渐递减，批处理大小为 8 的模型训练耗时为 46601.8s，批处理大小为 128 的模型训练耗时减小到 21109.6s，模型训练耗时与批大小间呈显著的负相关幂函数关系。

TVA_{50} 值随着批大小的增加逐渐降低，批处理大小为 8 和 16 的 TVA_{50} 值分别为 3.63% 和 3.09%，批处理大小为 32 和 64 的 TVA_{50} 值分别为 2.46% 和 1.57%，批处理大小为 128 的 TVA_{50} 值最小为 0.87％。一般而言，随着批处理大小的增加，模型训练迭代过程中，模型权重调整方向越准确，模型训练震荡程度越小，模型更有助于收敛稳定。

S^2 值也总体随着批大小的增加逐渐降低。批处理从 8 增加到 65 时，S^2 值从 0.510％逐渐递减到 0.295％，但当批处理继续增加到 128 时，S^2 值又递增到 0.358％。这是因为批处理无限制增加后，模型训练权重调整就变得更加缓慢，甚至不再变化，进而导致模型训练效果降低，甚至导致训练得到的模型泛化能力下降。

批大小为 32 训练的模型综合评价结果最好，其验证精度最大为 0.9924、验证损失为 0.0337；其次为批大小 64 的模型综合评价结果次好，验证精度为 0.9912、验证损失为 0.0349。批大小为 128 的模型训练综合评价结果最差，验证精度为 0.9894、验证损失为 0.0365，见图 3-18。

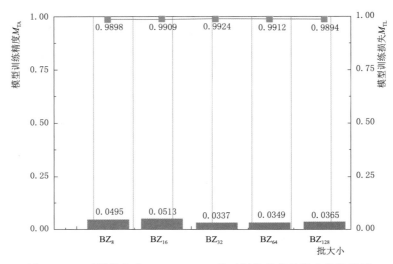

图 3-18　不同批大小 DenseNet169 模型训练精度及损失统计结果

表 3-12 为不同批大小模型训练结果汇总。基于表 3-9 不同评价指标权重，采用相对差距和评价法计算得到不同批处理大小相对差距和分别为 $D_8 = 0.1088$、$D_{16} = 0.0881$、$D_{32} = 0.0032$、$D_{64} = 0.0077$ 和 $D_{128} = 0.0127$。其中批处理大小为 32 的模型相对差距和最小，表明批处理大小为 32 训练得到的模型效果最好，这与前面的多角度定性分析结果是基本一致的。

表 3-12　　　　　不同批大小 DenseNet169 模型训练结果汇总表

学习速率	连续两步验证损失减少率的方差 S^2	50 个 Epoch 后训练损失和验证损失误差绝对值的平均值 TVA_{50}	耗时/s	模型训练	
				精度	损失
8	0.0051	0.0363	46601.8	0.9898	0.0495
16	0.0043	0.0309	28241.0	0.9909	0.0513
32	0.0045	0.0246	23171.5	0.9924	0.0337
64	0.0029	0.0157	22596.5	0.9912	0.0349
128	0.0036	0.0087	21109.6	0.9894	0.0365

3. 学习速率优选

采用 DenseNet169 基础网络架构，优化器算法为 Adam、批处理大小为 32、最大训练次数为 100，采用不同学习速率对模型进行训练，以优选确定适用于本研究的优化器算法。图 3-19 为不同学习速率 DenseNet169 模型训练、验证精度和损失变化曲线。

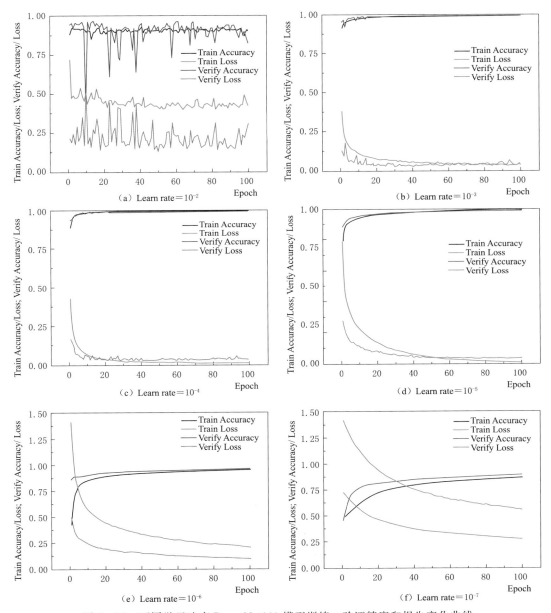

图 3-19 不同学习速率 DenseNet169 模型训练、验证精度和损失变化曲线

学习速率对模型训练耗时影响较大，学习速率从 10^{-2} 递减到 10^{-7}，模型训练耗时也从 17820.86s 持续增加到 30264.65s，这是因为学习速率越小，模型训练迭代过程中权重

调整率越小，要达到相同的模型训练精度，模型训练迭代次数、训练耗时也持续增加。且过小的学习速率可能导致模型难以收敛稳定而达不到预期训练目标。

学习速率过大导致模型训练迭代过程中权重调整方向过于盲目，使得模型训练震荡过大，且模型难以达到收敛稳定。学习速率为 10^{-2} 模型训练的 S^2 值最大为 14.41%，且 TVA_{50} 值也相对较大为 22.52%，模型训练迭代 100 次后模型震荡仍十分剧烈，且模型欠拟合问题十分严重。学习速率过小（10^{-6} 和 10^{-7}）导致模型训练迭代过程中模型权重调整过小甚至未发生变化，而使得模型训练一直尚未收敛，学习速率为 10^{-6} 和 10^{-7} 的 S^2 值分别是 0.069% 和 0.006%、TVA_{50} 值分别是 13.22% 和 60.81%，模型欠拟合问题十分严重，待训练结束后模型一直尚未收敛。

学习速率为 10^{-4} 模型综合评价结果最好，训练精度为 0.9934、验证损失为 0.0356。其次为学习速率为 10^{-3} 模型训练精度为 0.9919、验证损失为 0.0361。学习速率为 10^{-7} 和 10^{-2} 模型训练精度低于 90%，分别为 0.8858 和 0.8211，模型验证损失分别为 0.2763 和 0.3043。学习速率为 10^{-5} 和 10^{-6} 模型综合评价结果基本相当，训练精度分别为 0.9912 和 0.9608，验证损失分别为 0.0349 和 0.1029，见图 3 - 20。

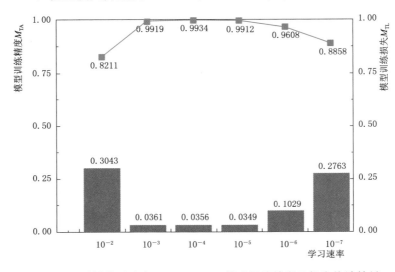

图 3 - 20　不同学习速率 DenseNet169 模型训练精度及损失统计结果

表 3 - 13 为不同学习速率模型训练结果汇总。基于表 3 - 9 不同评价指标权重，采用相对差距和评价法计算得到不同批处理大小相对差距和分别为 $D_2 = 1.3512$、$D_3 = 0.1234$、$D_4 = 0.1245$、$D_5 = 0.0270$、$D_6 = 0.3203$ 和 $D_7 = 1.2906$。其中学习速率为 10^{-5} 的模型相对差距和最小为 0.0270，表明学习速率 10^{-5} 为最优。

表 3 - 13　　　　　　　不同学习速率 DenseNet169 模型训练结果汇总表

学习速率	连续两步验证损失减少率的方差	50 个 Epoch 后训练损失和验证损失误差绝对值的平均值	耗时/s	模型训练	
				精度	损失
10^{-2}	0.1441	0.2252	17820.86	0.8211	0.3043

学习速率	连续两步验证损失减少率的方差	50 个 Epoch 后训练损失和验证损失误差绝对值的平均值	耗时/s	模型训练	
				精度	损失
10^{-3}	0.0375	0.0075	19529.38	0.9919	0.0361
10^{-4}	0.0316	0.0250	19854.84	0.9934	0.0356
10^{-5}	0.0029	0.0157	22596.54	0.9912	0.0349
10^{-6}	0.0007	0.1322	25005.08	0.9608	0.1029
10^{-7}	0.0001	0.6081	30264.65	0.8858	0.2763

3.3.3.7 卷积神经网络模型构建

选择 DenseNet169 作为基础模型架构、Adam 为优化器算法、批大小为 32、学习速率为 10^{-5}，将模型训练 Epoch 增加到 200，对模型进一步训练形成生产建设项目扰动区域自动识别深度学习模型。模型训练结果如图 3-21 所示，经过 200 个训练轮次，模型累积训练耗时 39416.98 s，模型综合性能评价指标 M_A 和 M_L 分别为 0.9915 和 0.0385。75 个训练轮次后模型训练和验证精度损失变化逐渐趋于稳定，连续两步的验证损失变化率不超过 1‰；连续两步训练损失与验证损失绝对值不超过 2%。此外，模型训练未出现过拟合或欠拟合问题，表现出较强的泛化能力和较高的鲁棒性。

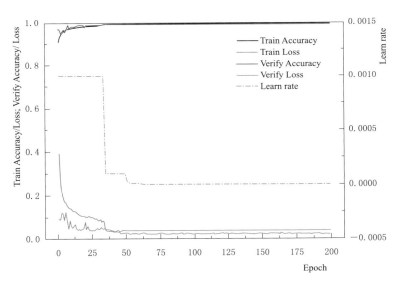

图 3-21 深度学习模型最终训练结果

3.3.4 卷积神经网络模型应用

利用表 3-6 中"检验样本"对所构建的深度学习模型应用效果进行检验，结果如表表 3-14 所示。5 个县（市）中样本识别分类整体准确率均超过 95%，其中凯里市整体准确率最高为 99.46%、丹寨县整体准确率最低为 96.40%，5 个县（市）整体准确率均值为 98.21%。

表 3 - 14　　　　　　　　　　　　　模 型 应 用 效 果 检 验

项　　目	行　政　区					平均值
	大方县	丹寨县	独山县	凯里市	纳雍县	
整体准确率	98.58%	96.40%	97.59%	99.46%	99.00%	98.21%±1.22%
扰动样本查准率	78.63%	70.45%	68.25%	66.88%	81.97%	73.24%±6.68%
扰动样本查全率	89.18%	79.20%	83.33%	85.35%	91.74%	85.76%±4.91%
F_1 得分值	83.57%	74.57%	75.04%	74.94%	86.58%	78.94%±5.70%

扰动样本查准率和扰动样本查全率是本研究重点关注内容，其中扰动样本查准率反映了模型判断为扰动样本的准率比例，扰动样本查全率反映了模型判断扰动样本漏查比例。纳雍县扰动样本查准率最高为 81.97%，仍有 18.03% 的非扰动样本被模型误判为扰动样本；凯里市扰动样本查准率最低为 66.88%，约有不到 35% 的非扰动样本被模型误判为扰动样本；5 个市县扰动样本查准率均值为 73.24%，整体有 26.74% 的非扰动样本被模型误判为扰动样本。5 个市县扰动样本查全率均相对较高，均值为 85.76%，约有 14.24% 的扰动样本被模型漏查并误判为非扰动样本；纳雍县扰动样本查全率最高为 91.74%，仅有不到 15% 的扰动样本被模型漏查；丹寨县扰动样本查全率相对较低为 79.20%，约 20% 的扰动样本被模型漏查。

整体而言，模型在纳雍县应用效果最好，在丹寨县、独山县和凯里市应用效果相对较差，这与模型应用效果的 F_1 得分值是一致的。模型在上述 5 个县（市）的应用效果表明，基于深度学习卷积神经网络模型开展生产建设项目扰动区域自动识别具有较强的可行性和实用性，构建好的卷积神经网络模型具有良好的泛化能力。

3.3.5　分析与讨论

基于深度学习开源框架 Tensorflow，采用 14 个县（市区）监管成果数据，筛选了适用于生产建设项目扰动区域自动识别应用的典型卷积神经网络模型构架（DensNet169），优选确定了深度学习模型优化器算法、学习速率和批大小三个超参数最优值分别为 Adam、10^{-5} 和 32。基于上述卷积神经网络模型构建及超参数最优值，训练得到最终的生产建设项目扰动区域自动识别 CNN 模型，模型识别分类整体准确率超过 95%，这说明 CNN 模型用于生产建设项目扰动区域自动识别分类是实际可行的。单张遥感影像瓦片数据推理耗时约 10ms，结合扰动图斑自动矢量化技术，扰动图斑解译生产可实现自动化、批量化，将大大提高工作效率。

与现有遥感影像地物信息识别提取中常用的语义分割模型相比，通过多层卷积神经网络提取扰动图斑在遥感影像上的特征值，构建生产建设项目扰动图斑自动识别分类 CNN 模型，用以实现扰动样本的自动识别分类，在样本集制作、模型搭建方面更为简单，且能够获得较为理想的识别分类效果，这在推广到实际应用中是有益的。

由于扰动图斑边界不规则、区域模糊、无明显建（构）筑物特征，且随着建设周期加快，相同区域扰动区域遥感影像特征也存在显著差异（见图 3 - 22）；此外，部分非扰动区域影像特征与扰动区域影像特征十分相像（见图 3 - 23），导致所构建的生产建设项目扰动区域自动识别 CNN 模型精度仍需进一步提升。后续在提升样本集制作质量的同时，还应开展不同遥感影像数据源、不同区域生产建设项目扰动图斑自动识别分类 CNN 模型的建模与验证。

图 3-22　相同区域不同建设周期扰动区域影像特征

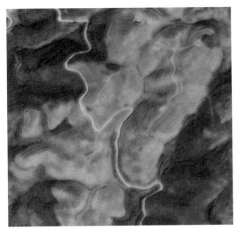 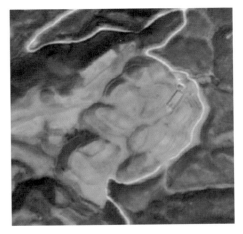

1 坡耕地　　　　　　　　　　　　　　2 矿山开采

 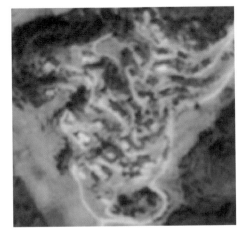

3 房地产　　　　　　　　　　　　　　4 村落

图 3-23（一）　部分易混淆的扰动与非扰动区域样本影像特征对比图

5　建设项目　　　　　　　　　　　　6　撂荒地

7　工业厂房　　　　　　　　　　　　8　温室大棚

图 3 - 23（二）　部分易混淆的扰动与非扰动区域样本影像特征对比图

注　图中 1、3、5、7 均为扰动样本，2、4、6、8 为非扰动样本。

参 考 文 献

［1］　杨桄，刘湘南．遥感影像解译的研究现状和发展趋势［J］．国土资源遥感，2004（2）：7 -
10，15.

［2］　孙家抦．遥感原理与应用［M］. 3 版．武汉：武汉大学出版社，2020.

［3］　陈述彭．遥感地学分析的时空维［J］．遥感学报，1997，1（3）：161 - 171.

［4］　濮静娟．遥感图像目视解译原理与方法［M］．北京：科学技术出版社，1992.

［5］　李建利．人机交互式多波段数字图像解译技术方法研究［J］．测绘标准，1999，15（2）：13 - 15.

［6］　王涛，阎守邕，王世新．遥感图像人机交互判读系统的关键技术［J］．中国科学院研究生院学报，
1999，16（2）：161 - 168.

［7］ 杨存建，周成虎. 基于知识发现的 TM 图像居民地自动提取研究［J］. 遥感技术与应用，2001，16（1）：1-6.

［8］ 杨存建，周成虎. TM 影像的居民地信息提取方法研究［J］. 遥感学报，2000，4（2）：146-150

［9］ 张良培，武辰. 多时相遥感影像变化检测的现状与展望［J］. 测绘学报，2017，46（10）：1447-1459.

［10］ 张戬，高雅. 深度学习遥感影像解译技术在耕地保护中的应用［J］. 测绘通报，2023（8）：142-145.

［11］ Hinton G E，Srivastava N，Krizhevsky A，et al. Improving neural networks by preventing co-adaptation of feature detectors. 2012：p. arXiv：1207.0580.

［12］ Duchi J，Hazan E，Singer Y. Adaptive subgradient methods for online learning and stochastic optimization［J］. Journal of Machine Learning Research，2011，12：2121-2159.

［13］ Kingma D，Ba J. Adam：A method for stochastic optimization. International Conference on Learning Representations，2014.

［14］ 李小占，马本学，喻国威，等. 基于深度学习与图像处理的哈密瓜表面缺陷检测［J］. 农业工程学报，2021，37（1）：223-232.

［15］ Keskar N，Nocedal J，Tang P，et al. On large-batch training for deep learning：Generalization gap and sharp minima. 2017，Paper presented at 5th International Conference on Learning Representations，ICLR 2017，Toulon，France.

第4章 水土保持对象边界自动提取

本章以生产建设扰动图斑这一典型水土保持对象为例，在遥感影像发现扰动区域后探索扰动区域边界自动化提取技术，最终实现遥感影像典型水土保持对象的智能发现（解译）、自动提取。本书中典型水土保持对象边界自动提取技术研发主要基于开源计算机视觉库（Open Source Computer Vision，OpenCV）和 OSGEO（Open Source Geospatial Foundation）等第三方库 API，前者主要用于对遥感影像切片数据的预处理和二值化，后者用于对二值化栅格数据中的目标区域的矢量化。

4.1 OpenCV

OpenCV 是一个基于 Apache2.0 许可（开源）发行的跨平台计算机视觉和机器学习软件库，是计算机视觉领域中最为流行的开源软件之一。OpenCV 拥有包括 300 多个 C 函数跨平台的中高阶 API。它不依赖于其他的外部库，但可以使用某些外部库。OpenCV 对非商业应用和商业应用都是免费的。OpenCV 为 Intel © Integrated Performance Primitives（IPP）提供了透明接口，这表明如果有为特定处理器优化的 IPP 库，OpenCV 将在运行时自动加载这些库。

开源、跨平台、功能丰富、易学易用是 OpenCV 的显著特点。OpenCV 可以在包括基于 Intel、AMD、ARM 等不同架构计算平台上运行，保证了其在各种场景下均可灵活应用。OpenCV 用 C++ 语言编写，提供了 C++、Python、Java 和 MATLAB 接口，并支持 Windows、Linux、Android 和 Mac OS，OpenCV 主要倾向于实时视觉应用，并在可用时利用 MMX 和 SSE 指令，也提供对于 C♯、Ch、Ruby，GO 的支持。OpenCV 应用领域广泛，包括但不限于物体识别、图像分割、人脸识别、动作识别、运动跟踪、机器人、运动分析、机器视觉、结构分析、汽车安全驾驶等技术领域。

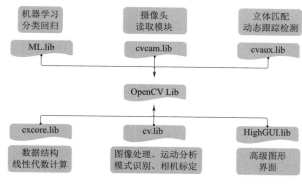

图 4-1 OpenCV 主要模块结构

OpenCV 模块主要包括核心函数库（cv）、辅助函数库（cvaux）、数据结构与线性代数库（cxcore）、GUI 函数库（HighGUI）和机器学习函数库（ML），如图 4-1 所示。同时，OpenCV 提供了众多 API 接口，涵盖了计算机视觉的方方面面，满足如图像滤波、二值化、边缘检测、轮廓检测等图像处理需求，SIFT、SURF、HOG 等算法可实现图像特征提取等。

此外，OpenCV 还提供了目标检测、人脸识别、物体跟踪等高级 API，可满足三维重构中的深度估计、立体视觉、摄像机标定等高阶计算机视觉需求。cv2. imread 和 cv2. imshow 是图像读取和显示 API；cv2. cvtColor、cv2. resize、cv2. flip、cv2. threshold 是图像处理 API，实现对图像颜色空间转换、图像大小缩放、图像翻转和图像二值化处理；cv2. xfeatures2d 图像特征检测算法 API；另外，cv2. CascadeClassifier 加载 Haar 级联分类器，然后调用 detectMultiScale 实现目标检测。

4.2　OSGEO

开源地理空间基金会（OSGEO）是一个全球性的非营利组织，致力于推广和支持开源地理信息系统（GIS）软件，以提高地理信息技术的应用和发展水平。目前，OSGEO 支持多个开源 GIS 软件项目，如 PostGIS、GeoServer 等。OSGEO 封装了 GDAL（Geospatial Data Abstraction Library）、OGR（OpenGIS Simple Features Reference Implementation）、GEOS（Geometry Engine‐Open Source）等开源 GIS 库，它提供了一套完整的 GIS 编程工具，可用于读取/写入、转换、处理地理信息数据。GDAL、OGR 和 OSR（OGR Spatial Reference）是 OSGEO 重要的高阶 API，主要使用 C/C++ 编写完成。GDAL、OGR 和 OSR 三个开源库作用各不相同，但相互协助有机组成了一套完整的地理空间数据处理引擎，在地图制作、遥感数据处理等领域得到广泛应用。

（1）GDAL 是一个在 X/MIT 许可协议下的开源栅格空间数据转换库，其编写语言为 C/C++，利用抽象数据模型来表达所支持的各种文件格式，由 Frank Warmerdam 教授于 1998 年发起。GDAL 提供对多种栅格数据的支持，包括 Arc/Info ASCII Grid、GeoTiff、Erdas Imagine Images、ASCII DEM 等格式。GDAL 使用抽象数据模型（Abstract Data Model）来解析它所支持的数据格式，抽象数据模型包括数据集（Dataset）、坐标系统、仿射地理坐标转换（Affine Geo Transform）、大地控制点（GCPs）、元数据（Metadata）、栅格波段（Raster Band）、颜色表（Color Table）、子数据集域（SubDataSets Domain）、图像结构域（Image_Structure Domain）、XML 域（XML：Domains）。GDAL 扩展性良好，不仅有 C/C++接口，还通过 SWIG 提供了 Python、Java、C♯ 等多语言调用接口。在其他语言中调用 GDAL 的 API 函数时，其底层执行的仍然是 C/C++编译的二进制文件。

GDAL 基础类包括 4 种。GDAL 数据集类（GDALDataset），表示一个地理空间数据集；GDAL 栅格波段类（GDALRasterBand），表示数据集中的一个栅格波段或通道；GDAL 颜色表类（GDALColorTable），表示数据集颜色表，用于多波段合并、伪彩色生成等操作；GDAL 数据驱动程序类（GDALDriver），表示一个能够读写一种或多种数据格式的数据驱动程序。

（2）OGR 专门用于矢量数据处理，支持读写多种矢量数据格式，如 Shapefile、GeoJSON、KML 等，可实现空间数据的筛选、分析等操作。与 GDAL 类似，OGR 提供一个抽象矢量数据集类型，对于不同格式的数据，OGR 会自动转换为这个统一的抽象格式。

OGR 基础类有 4 个（见图 4‐2），其中 OGR 数据源类（OGRDataSource），表示一

个矢量数据元；OGR 图层类（OGRLayer），表示矢量数据源的某一个图层；OGR 要素类（OGRFeature），表示一个矢量数据的要素，可包含多个几何图形（geometry）；OGR 几何体类（OGRGeometry），表示点、线、面各种几何类型的对象。OGR 的几何体类的派生类包含了多种几何体形状，如 OGRPoint，OGRLineString，OGRPolygon，OGRGeometryCollection，OGRMultiPolygon，OGRMultiPoint，OGRMultiLineString，具体派生关系如表 4-1 所示。

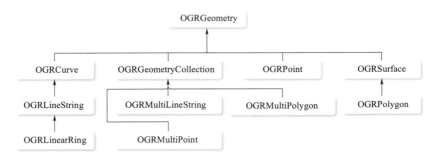

图 4-2 OGRGeometry 与其派生类关系图

表 4-1 OGR 类 与 说 明

类	说 明
Data Source	是一个抽象基类，表示含有 OGRLayer 对象的一个文件或一个数据库
Drivers	OGRSFDriver 对应所支持的矢量文件格式，由类 OGRSFDriverRegistrar 来注册和管理
Layer	是一个抽象基类，表示数据源类 OGRDataSource 里面的一层要素（feature）
Feature	封装一个完整 feature 定义，包括 geometry 系列属性
Feature Definition	封装 feature 属性，包括类型、名称及空间参考系统等；OGRFeatureDefnnition 对象通常与（layer）对应
Geometry	封装 OpenGIS 矢量数据模型，提供几何操作实现 WKB（Well Knows Binary）和 WKT（Well Known Text）格式之间相互转换，以及空间参考系与投影
Spatial Reference	封装了投影和基准面的定义

（3）OSR 是 GDAL 和 OGR 库中专门用于处理空间参考系统的组件。OSR 封装了各种常见的空间参考系统和投影算法，并提供一个抽象的空间参考类型，可以通过该类型来实现不同空间参考标准之间的转换等操作。空间参考类（OGRSpatialReference）和坐标系变换类（OGRCoordinateTransformation）是 OSR 的基础类，前者用于改变投影方式，如经纬度坐标和 UTM 坐标系转换，后者用于对几何类型投影变换。

4.3 图 像 分 割

4.3.1 概念与场景

4.3.1.1 基本概念

图像分割属于计算机视觉领域研究的重要问题，也是图像分析、信息提取、图像理解等研究的关键内容。图像分割目的是将整个图像区域分割为互不相交的若干区域，各区域满足相同或相似的灰度、纹理、颜色等特性，且其区域内部是连通的。图像分割可以分为空间分割和范围分割。空间分割是将图像分成相邻区域，每个区域对应一个像素或多个相邻像素的点集。范围分割是将图像分成一个或多个区域，每个区域具有相似或相关的属性或性质。对于图像 I 而言，将其进行图像分割就是将图像划分为满足如下条件的多个子区域 f_1，f_2，f_3，$\cdots$，f_n，其中 $0 \leqslant x \leqslant X_{max}$，$0 \leqslant y \leqslant Y_{max}$：①所有子区域的并集组成了整幅图像，即 $f(x, y) = f_1(x, y) + f_2(x, y) + f_3(x, y) + \cdots + f_n(x, y)$；②区域 $f_k(x, y)$ 是内部完全连通区域；③同时满足任何两个子区域交集为空，即无公共元素；④区域 $f_k(x, y)$ 满足图像灰度、纹理、颜色等特征相同或相似的均匀性条件。

图像分割是一种将图像分解成不同区域或对象的技术。在进行图像分割时，一般需要遵循以下流程：

（1）基础准备。首先需要明确图像分割的目的和应用需求，了解数据的特性和来源，并进行预处理和分析。例如，在医学诊断中，需要选择合适的医学图像，并对其进行预处理，以去除噪声提高图像质量等。

（2）分割方法选择。根据应用需求和图像特点，选择合适的图像分割算法。常用的图像分割算法包括阈值分割、区域生长、分水岭、边缘检测等。在选择算法时，需要考虑图像的颜色、纹理、形状等特征，以及分割的准确性和效率。

（3）分割处理及后处理。根据选定的图像分割算法，对图像进行二分类或多分类分割，得到分割后的图像。同时，还需要对分割后的图像进行后处理，以提高图像分割的精准度和适用性。如去除孤立的点、连接分散的区域等。

（4）图像分割评价。为了评估图像分割的效果，需要明确精度评价指标，如交并比、Dice 系数等。这些指标可以用来衡量分割结果与实际对象的相似程度和重叠程度。通过对不同分割算法和不同参数设置的比较，可以选择最优的分割结果。

总之，在进行图像分割时，需要明确目的和应用需求，选择合适的算法和参数设置，并对分割结果进行评估和优化。这些步骤是相互关联的，需要根据具体情况进行调整和优化。

4.3.1.2　应用场景

图像分割技术应用场景广泛，包括医学诊断、自动驾驶、目标跟踪、文字识别、图像压缩等多个领域。在医学诊断领域，图像分割技术发挥着重要作用。通过对肿瘤图像进行分割，可以获取肿瘤体积、形态和位置的重要信息，这为医生提供了更准确、更高效的诊断和治疗手段。医生可使用图像分割技术来分析医学图像以便更准确地诊断疾病和制定治疗方案。在自动驾驶领域，图像分割技术也发挥着关键作用。车辆周围环境的识别是自动驾驶的重要组成部分。通过使用图像分割技术，可以将道路、天空、其他车辆以及行人等分成不同区域，从而帮助驾驶系统更准确地理解车辆周围的信息，这有助于自动驾驶系统更安全、更有效地应对各种交通场景。在目标跟踪和检测领域，图像分割技术将图像中的每个目标进行分割，可以更精准地对目标进行跟踪和检测。这种方法在安全监控、智能交通和人机交互等领域都有广泛的应用。在 OCR（光学字符识别）应用中，图像分割技术也可以发挥重要作用。通过对文本区域进行分割，然后进行字符检测和识别，可以大大提高字符识别的准确性和效率。这种方法在文档处理、数字图书馆和自动化办公等领域有广泛的应用。此外，图像分割还可以为图像压缩提供更好的准确性和效率。通过将图像分割为许多相对较小的部分，可以减少一些局部区域内的冗余信息，从而实现更好的图像压缩效果。这种方法在数字图像处理、计算机视觉和数据存储等领域都有广泛的应用。在遥感影像应用领域，图像分割技术也可有效帮助农业、森林、城市规划等获取遥感影像特定对象信息。通过将遥感影像分割成不同的区域，可以更好地理解和利用这些数据，从而为农业、森林、城市规划等领域的决策提供支持。

总的来说，图像分割是一种强大的技术，其应用场景广泛且不断拓展。随着技术的不断深化，可以期待它在更多领域发挥更大作用，为社会经济发展带来更多便利和创新。

4.3.2　图像分割算法

图像分割是计算机视觉领域的重要任务之一，其目的是将图像分割成不同的区域或对象。图像分割算法可以分为传统图像分割算法和深度学习图像分割算法。传统图像分割算法通常基于图像的像素值或局部特征进行分割，主要包括基于阈值的分割算法、基于边缘检查的分割算法、基于区域生长的分割算法和最大熵值法等。基于阈值的分割算法通过选择一个阈值将像素值分为两类，从而实现图像的分割；基于边缘检查的分割算法通过检测图像中的边缘像素，将边缘像素连接起来形成分割线；基于区域生长的分割算法通过选择种子像素，然后将其周围的像素合并到同一区域中，直到无法再合并为止；最大熵值法通过最大化熵值来选择最优的分割线。深度学习图像分割算法是一种基于深度学习的图像分割方法，其主要包括基于卷积神经网络的图像分割算法和基于编码器的图像分割算法等。基于卷积神经网络的图像分割算法通过训练卷积神经网络来学习图像的特征，然后使用这些特征来进行图像分割；基于编码器的图像分割算法通过训练一个编码器—解码器网络来学习图像的特征，并使用这些特征来进行图像分割。深度学习图像分割算法相比传统图像分割算法具有更高的准确性和鲁棒性，但需要更多的计算资源和训练时间。因此，在实际应用中需要根据具体需求选择合适的图像分割算法。

4.3.2.1　传统图像分割算法

1. 基于阈值的分割算法

该算法是最简单直观的一种图像分割方法，它将像素按照灰度值的大小分成两类或多类。阈值分割方法在图像处理领域中被广泛应用，具备良好的计算性能和速度。简单阈值分割和自适应阈值分割是基于阈值的图像分割算法中最常用的两种。

（1）简单阈值分割。简单阈值分割是一种全局阈值的算法，选择一个像素值作为全局阈值，将其他像素灰度值与该值进行比较，对图像像素进行分类。这个方法简单直观，适用于像素灰度值明显属于两个区域的情况。但当待分割的图像中的目标区域的灰度值分布不均时，这种方法就难以得到满意结果，且全局阈值无法适应图像中的灰度值分布情况，因此该算法难以适应复杂数据的图像分割。

OpenCV 的 cv2. threshold 函数是一个非常有用的工具，用于对图像进行二值化分类。它可以根据给定的阈值将图像的像素值进行分类，从而实现图像的二值化操作。cv2. threshold 函数提供了多种阈值类型，可以满足不同的应用需求。其中，cv2. THRESH_BINARY 是最常见的阈值类型，它将像素值大于阈值的像素设置为最大值，小于或等于阈值的像素设置为0，从而实现图像的二值化操作。cv2.THRESH_BINARY_INV 是二值化翻转操作，它将像素值小于阈值的像素设置为最大值，大于或等于阈值的像素设置为 0。cv2.THRESH_TRUNC 是截断操作，它将像素值大于阈值的像素设置为阈值，小于或等于阈值的像素保持不变。cv2.THRESH_TOZERO 是将像素值大于阈值的像素设置为 0，小于或等于阈值的像素保持不变。cv2.THRESH_TOZERO_INV 是化零操作翻转，它将像素值小于阈值的像素设置为 0，大于或等于阈值的像素保持不变。cv2.THRESH_OTSU 是利用大律法自动确定阈值，它可以根据图像的直方图自动计算出最佳的阈值，从而实现图像的二值化操作。cv2.THRESH_TRIANGLE 是三角形阈值法，它将像素值大于阈值的像素设置为最大值，小于阈值的像素设置为 0，并在两者之间采用线性插值的方法进行处理。cv2.THRESH_MASK 是掩膜，它可以根据掩膜对图像进行二值化操作。掩膜可以是一个包含 0 和 255 两种值的矩阵，其中 0 表示不需要进行二值化操作，255 表示需要进行二值化操作。各阈值类型具体含义见表 4-2。图 4-3 为某图像分别采用不同 cv2.threshold 函数阈值类型得到的分割结果。

表 4-2　　　　　　　　　　cv2.threshold 函数阈值类型说明

序号	阈值类型	说明
1	THRESH_BINARY	$dst(x, y) = \begin{cases} max(val), & src(x, y) > thresh \\ 0 & 其他 \end{cases}$
2	THRESH_BINARY_INV	$dst(x, y) = \begin{cases} 0, & src(x, y) > thresh \\ max(val) & 其他 \end{cases}$
3	THRESH_TRUNC	$dst(x, y) = \begin{cases} thresh, & src(x, y) > thresh \\ src(x, y) & 其他 \end{cases}$
4	THRESH_TOZERO	$dst(x, y) = \begin{cases} src(x, y), & src(x, y) > thresh \\ 0 & 其他 \end{cases}$
5	THRESH_TOZERO_INV	$dst(x, y) = \begin{cases} 0, & src(x, y) > thresh \\ src(x, y) & 其他 \end{cases}$
6	THRESH_OTSU	基于 OTSU 算法获取最优分割阈值
7	THRESH_TRIANGLE	基于 Triangle 算法获取最优分割阈值
8	THRESH_MASK	掩膜参数，过滤掉非感兴趣区域

（2）自适应阈值分割。自适应阈值分割是在简单阈值分割的基础上，通过计算图像的每个局部块的像素平均值或高斯加权平均值来确定阈值。相对于简单阈值分割中的全局阈值法（即对整张图像使用一个统一的固定阈值），自适应阈值法可以根据图像的不同局部自适应调整阈值，从而更好地实现图像的分割处理。较好地解决了全局阈值无法适应图像中的灰度值分布情况的局限问题，在处理多光照、噪声等复杂图像分割方面具有更好的优势。

自适应阈值算法根据图像局部统计特征估计像素点的阈值。将图像区域分成很多小区域，对每个小区域计算一个统计参数（如均值、中位数等），以这个参数作为该区域分割阈值。局部平均值法和局部高斯加权平均值法是自适应阈值分割最常用的两种算法。自适应阈值算法一般流程如下：

（1）将图像分成若干个小区域。

（2）对于每小区域，计算其内部像素的平均值或高斯加权平均值等统计特征。

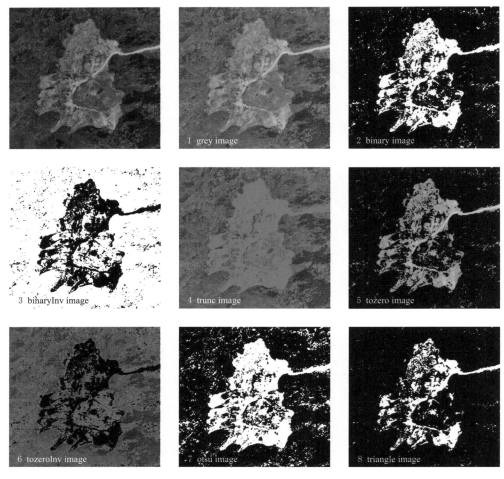

图 4 - 3　不同 cv2. threshold 函数阈值类型得到的分割结果

（3）以每个小区域计算得到的统计特征作为该小块内部所有像素的阈值。

（4）通过插值等方法，将各小区域分割阈值融合成一个阈值算子，对整幅图像进行二值化处理。OpenCV 中，实现自适应阈值法的方法是 adaptiveThreshold 函数，其中自适应阈值算法参数 adaptiveMethod 可选择 ADAPTIVE_THRESH_MEAN_C 或 ADAPTIVE_THRESH_GAUSSIAN_C，分别表示均值和高斯加权平均值阈值算法。图 4 - 4 为某图像采用均值和高斯加权平均值算法得到的分割结果。

2. 基于边缘检查的分割算法

基于边缘检测分割算法是一种常见的图像分割技术，通过检测图像中的边缘信息，将图像分成不同的区域。首先对图像进行边缘检测；初始化分割区域，并将每个像素点标记为不同分割区域；遍历每个像素点的邻域像素，如果邻域像素与当前像素边缘值相同，则将它们合并到同一区域中，反之不进行处理，最终实现对图像的分割目的。OpenCV 中的 cv2. Canny 和 cv2. watershed 联合使用可实现基于边缘检测的图像分割，前者用于图像边缘检测，后者用于对边缘信息的分割。cv2. Canny 和 cv2. watershed 的 Python 代码调用

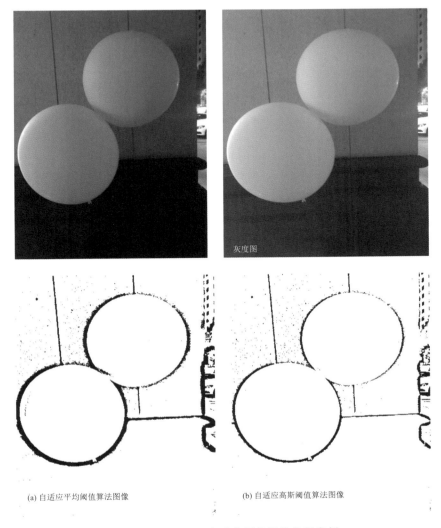

(a) 自适应平均阈值算法图像　　　　　　　　(b) 自适应高斯阈值算法图像

图 4 - 4　OpenCV 自适应阈值图像分割案例

方法具体如下：

　　cv2. Canny（image，threshold1，threshold2，apertureSize，L2gradient），其中 image 为输入的待检测边缘的图像，通常为灰度图像。threshold1 和 threshold2 为边缘阈值，用于控制边缘提取的强度。一般来说，较低的阈值可以检测到较弱的边缘，而较高的阈值可以去除较弱的边缘。通常情况下，设置 threshold1 为 threshold2 的 1/3 或 1/2。aperture-Size：Sobel 算子的孔径大小，用于计算图像梯度。可选值为 3、5、7，默认值为 3。L2gradient：指定计算图像梯度幅值时是否使用 L2 范数，默认为 False，表示使用 L1 范数。如果设置为 True，则使用 L2 范数。

　　cv2. watershed（image，markers），其中 image 为输入的待分割的彩色或灰度图像。markers 是由用户提供的初始标记图像，其尺寸与输入图像相同，用于指定分割的种子点。种子点被标记为不同的整数值以区分不同的区域，背景区域一般标记为 0。在实际应用中，可以使用不同的算法（如阈值分割、边缘检测等）得到种子点标记图像，也可以手动创建标记图像。markers 作为输出参数，经过函数调用后会被修改，其中非零整数值表示将像素点分配到的区域标记。图 4-5 为某图片边缘检测算法应用实例。

(a) 原始图像　　　　　　　　　(b) 灰度图像　　　　　　　　(c) 边缘检测后图像

图 4-5　图像分割中的边缘检测算法应用实例

3. 基于区域生长的分割算法

基于区域生长的分割算法是一种经典的分割方法，主要是利用相邻像素间的相似性对图像进行分割。该算法的基本思想是从给定的种子点开始，逐步将具有相似性质的像素加入同一个区域中，直到无法再加入新的像素为止。区域生长算法的优点是具有较好的并行性能，能够处理复合分割问题，并且对于局部变化比较明显的图像有一定的适用性。但区域生长算法的不足之处也较为明显：

（1）如何定义区域一致性准则。

（2）分割结果和种子点的选择有很大关系。

（3）对噪声很敏感，可能形成孔状甚至是根本不连续的区域。

（4）对面积不大的区域分割效果较好，如果对面积过大的区域进行分割，则计算效果显著降低。

（5）对于图像中不相邻而灰度值相同或相近的区域，不能一次分割出来，只能一次分割一个区域。

（6）很容易产生图像过分割现象。

图 4-6 为某图片区域生长算法应用实例。

该算法基本流程如下：

（1）选择种子点，从图像中选择 1 个或多个像素点作为种子点，并将其作为当前区域生长的起始点。

（2）定义区域生长规则。即判断一个像素是否能够加入当前区域中。生长规则一般基于像素间相似度，如灰度值相似度、纹理相似度或颜色相似度等。

（3）像素邻域遍历。对当前区域中的种子点执行 8 邻域或 4 邻域像素遍历，按照区域生长规则，满足条件的加入当前区域。

（4）区域扩张。重复上一步直到当前区域不再扩张为止，并将当前区域划定为独立的

(a) 原始图像

(b) 区域分割前图像

(c) 区域分割后图像

图 4 - 6 区域生长分割算法应用实例

分割区域。

OpenCV 的 cv2. pyrMeanShiftFiltering 函数可实现区域生长分割算法，调用格式为 dst＝cv2. pyrMeanShiftFiltering（src，spatial_window_size，color_window_size，max_level，termcrit），其中 src 为输入图像，必须是 8 位 3 通道图像。dst 输出结果，与输入图像大小相同。spatial_window_size 表示均值漂移过程中要考虑到的像素的空间大小，对应于平移函数的窗口大小。大窗口会导致分割出的区域更大，小窗口会导致分割出的区域更小。通常该参数值为 10～50。color_window_size 表示均值漂移过程中要考虑到的像素的颜色距离大小，对应于核函数的带宽。该值越大则分割的区域越大，越小则分割的区域越小。通常该参数与 spatial_window_size 的值相等或稍大一些。max_level 执行均值漂移的最大金字塔层数。termcrit 表示最大迭代次数和漂移向量的收敛精度。

4. 最大熵值法

最大熵值法是一种常见的图像分割方法，其主要思想是在满足正则化约束条件的情况下，尽可能使图像分割的熵值最大化。这种方法的基本想法是将原始图像看作一堆符合特定分布的随机变量，将分割后的图像看作随机变量类型。scikit-image 的 segmentation. chan_vese 函数、mahotas 的 labeled. thin 函数和 SimpleCV 的 ImageSegmentation 函数均可实现最大熵值法图像分割操作。图 4 - 7 为某图像最大熵值法图像分割应用实例。

最大熵值法实现图像分割的一般步骤包括：

（1）初始化。将图像分成前景和背景两个区域。其中，前景区域包括图像中目标，而背景区域包括目标周围背景。

（2）计算灰度直方图与概率密度函数。对于每个区域，需要分别计算该区域内像素的灰度值分布情况，并且将其转化为概率密度函数。使用公式计算：$P(i)=n(i)/N$，其中 $n(i)$ 表示像素值 i 在区域中出现的次数，N 表示总的像素数。

（3）计算区域熵值。对于每个区域需要计算该区域内像素熵值。使用公式计算：$H=-\sum P(i)\lg P(i)$，其中 $\sum$ 表示对所有像素值求和。

（4）计算全局熵值。将图像分割成若干个区域后，需要计算整个图像的熵值。使用公式计算：$H=-\sum P(i)\lg P(i)$，其中 $\sum$ 表示对所有像素值求和。此时，$P(i)$ 表示整个图像中像素值 i 的概率。

（5）更新区域边界。为了让区域熵值最大化，需要不断调整区域边界，使得每个区域

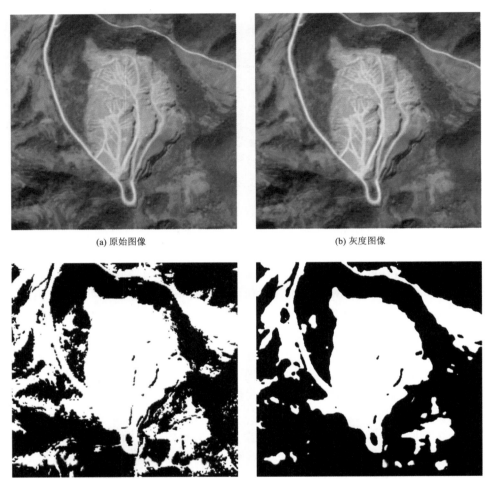

(a) 原始图像　　　　　　　　　　(b) 灰度图像

(c) 最大熵值法分割图像　　　　　(d) chan_vese函数分割图像

图 4 - 7　最大熵值法图像分割应用实例

内的像素熵值最大。使用公式计算：$\Delta H = H - (H_1 + H_2)$，其中 H 表示整个图像的熵值，H_1 表示前景区域的熵值，H_2 表示背景区域的熵值。如果 $\Delta H > 0$，则表示调整边界后图像熵值增加，此时需要更新边界；否则，不需要更新区域边界。

（6）重复以上步骤，直到最大化图像熵值，得到最终的图像分割结果。

4.3.2.2　深度学习图像分割算法

近年来，深度学习图像分割算法取得了显著的进展，其中基于卷积神经网络（CNN）的语义分割模型备受关注。这些算法主要包括全卷积网络（FCN）、U 形卷积神经网络（U - Net）、分割网络（SegNet）和金字塔场景分割网络（PSPNet）。全卷积网络主要由卷积层、反卷积层和池化层组成，可实现准确的像素级分类，并具有快速处理输入图像和高精度图像分割效果的优势。它通过卷积层对图像进行特征提取，然后通过反卷积层将特征映射还原为原始图像的大小，最后通过池化层实现图像的降维和特征提取。U 形卷积神经网络是基于全卷积神经网络的图像分割算法，通过反卷积层和跳跃式连接实现了编码和解码之间的平移不变性，从而确保高精度分割效果。它由一个压缩路径和一个扩展路径组成，其中压缩路径减小了图像的大小并增加了深度，扩展路径通过跳跃式连接将编码器的输出与解码器的输入相结合，从而实现高精度的图像分割。分割网络是一种基于编解码器的图像分割算法，由卷积层、最大化池化层、反卷积层和归一化层等组成的一种深度CNNs。它在保证网络深度的同时快速实现高精度的图像分割任务，其最大特点是引入了归一化层，该层可以有效地减少内部协变量的移动，从而加速网络的训练。图4-8为典型 U－net 网络结构图。金字塔场景分割网络是基于深度卷积神经网络架构的语义分割算法，主要优势在于利用不同的池化核大小来获取空间信息的全局和局部上下文，从而提高像素级分割的准确性。该方法最大的贡献是提供了一种全局共享的解码模块，可以处理大小不同的语义分割任务。

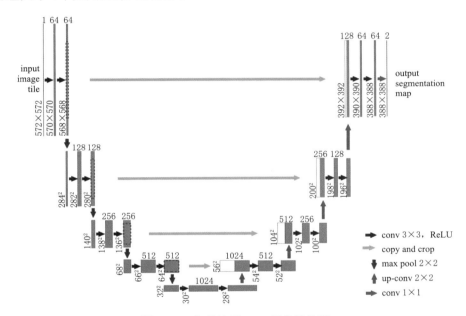

图4-8　典型的 U－net 网络结构图

注　以最小分辨率 32×32 像素为例；蓝色方块表示多通道特征图，方框顶部表示通道数，方框左下角为特征图大小；白色方框表示复制得到的特征图；箭头表示不同的操作。本图片引用自论文：O. Ronneberger, P. Fischer, and T. Brox. U－net：Convolutional networks for biomedical image segmentation. In International Conference on Medical image computing and computer-assisted intervention，pages 234－241. Springer，2015.

　　这些算法在图像分割领域取得了显著进展，并为后续研究提供了有价值的参考。随着深度学习技术的不断发展，相信这些算法将在未来的研究中得到进一步的改进和完善。

4.3.3　图像增强

　　图像增强技术用于提高图像质量、增加图像细节，可帮助人们更好地理解、读取、分析和应用图像信息，遥感影像增强是图像增强的一种。图像增强包括灰度变换、空间域增强、频域增强、局部增强和多尺度增强等。图4-9为某图像基于 OpenCV 的图像增强实例。

(a) 原始图像

(b) 直方图均衡化图像

(c) 自适应直方图均衡化图像

(d) 线性变换图像

图 4 - 9　基于 OpenCV 的图像增强实例

图像增强常见技术包括：

（1）灰度变换。灰度变换是一种通过映射像素灰度级的方法来改变图像整体亮度和对比度的技术。常见的灰度变换算法包括线性灰度变换、对数灰度变换和伽马灰度变换等。

（2）空间域增强。空间域增强是一种通过改变像素的空间分布来改变图像质量和细节的技术。常见的空间域增强方法包括直方图均衡化、直方图匹配和滤波器增强等。

（3）频域增强。频域增强是通过将图像从空间域转换到频域来进行增强的技术。常见的频域增强方法包括傅里叶变换和小波变换等。

（4）局部增强。局部增强是一种通过改变图像的局部特征来增加图像质量和细节的技术。常见的局部增强方法包括局部直方图均衡化、Top - hat 滤波器和 Bottom - hat 滤波器等。

（5）多尺度增强。多尺度增强是通过使用多种增强方法在不同尺度下进行增强的技术。常见的多尺度增强方法包括基于小波的多尺度增强和基于分层的多尺度增强等。

遥感影像增强指通过提升遥感图像质量和细节，提升遥感数据的分析和应用效能。常见技术包括：

（1）色调调节。色调调节是通过调整遥感图像的亮度、对比度、饱和度等来增强图像的色彩信息。常见的色调调节方法包括直方图均衡化、伽马校正和颜色平衡等。这些方法可以增强遥感影像细节和强化影像色彩，提高影像识别和分析的准确性。

（2）滤波增强。滤波增强是通过对图像进行滤波操作来改变图像的细节和对比度等。常见的滤波增强方法包括锐化滤波、平滑滤波和多向滤波等。这些方法可以使遥感影像在不失真的前提下增强图像细节和对比度，提高影像清晰度。

（3）基于小波变换的增强。小波变换是一种多尺度分析方法，可以用来提取遥感图像的特征信息。通过小波变换可以把遥感图像分解成多个小波系数。基于小波变换的增强方法包括小波去噪、小波图像增强和多尺度小波变换等。这些方法可以提取遥感图像的特征信息并增强图像细节和对比度。

（4）多特征融合增强。多特征融合方法将多种增强方法结合起来进行图像增强。这些方法包括基于灰度梯度的直方图均衡化和基于小波变换的图像增强等。多特征融合可以将多种增强方法相互叠加，提高遥感图像的清晰度和对比度。

4.3.4 未来发展趋势

未来图像分割的发展方向主要包括嵌入式图像分割、多模态图像分割、实时图像分割、不确定性建模以及真实世界应用等。在嵌入式环境下，由于计算和存储方面的限制，高品质图像分割仍然面临严峻挑战。多模态图像分割则将不同类型的数据，如图像、语音、自然语言等进行分割，并关注如何高效利用不同数据源以及在复杂数据源互相影响作用下进行分割算法建模。实时图像分割的研究重点在于提高图像分割速度和精度。通过多GPU、深度学习等技术，实现图像分割的并行化运算，以保证图像分割的实时响应需求。不确定性建模则关注如何提升模型对未见数据的泛化能力。

上述研究方向将有助于推动图像分割技术的发展，为实际应用提供更好支持。同时，这些研究领域都需要深入的理论支持和丰富的实践经验，以实现更高层次的突破和创新，为图像分割技术的发展和应用提供更多有价值的成果。

4.4 生产建设扰动区域边界提取

4.4.1 技术路线

以遥感影像扰动区域切片数据（RGB 三波段，2m 分辨率）为试验材料，分别采用 KMeans 聚类算法和 Otsu 最优阈值分割算法研发扰动区域边界自动提取技术，具体工作环节包括输入数据的图像分割和二值化、二值化栅格数据后处理、扰动区域边界矢量化、扰动区域边界提取精度评价等，具体技术路线如图 4-10 所示。

4.4.2 试验素材

选取了 60 个不同行政区划、不同项目类型扰动区域的样本开展扰动图斑自动矢量化技术研究，对比分析不同技术方法获取得到的扰动图斑精度。按项目类型划分，露天非金属矿有 30 个样本、其他行业项目有 12 个样本、公路工程有 7 个样本、加工制造类项目有 4 个样本、水利枢纽工程有 3 个样本，房地产工程、加工制造类、其他城建工程和油气存储与加工工程各 1 个样本。按行政区划分，碧江区有 8 个样本，册亨县和凤冈县均有 6 个样本，都匀市和汇川区均有 5 个样本，白云区和福泉市均有 4 个样本，德江县、独山县、

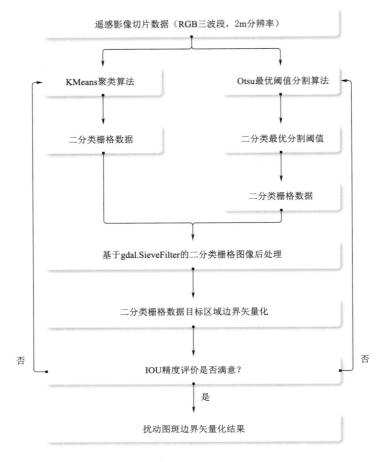

图 4-10　扰动图斑矢量边界自动提取研究技术路线

红花岗区均有 3 个样本，呈贡县、赤水市、观山湖区、新蒲新区均有 2 个样本，安龙县、丹寨县、三都水自治县、修文县和义龙新区均有 1 个样本。图 4-11 为 60 个样本按项目

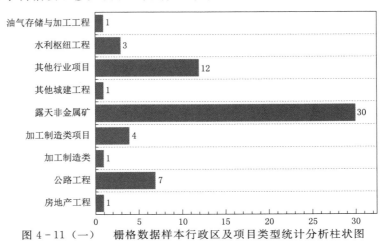

图 4-11（一）　栅格数据样本行政区及项目类型统计分析柱状图

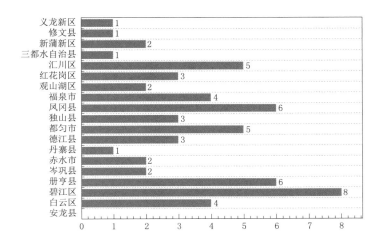

图 4-11（二） 栅格数据样本项目类型及行政区划统计分析柱状图

类型和行政区划统计分析柱状图。60 个样本形状、颜色各异，具有普遍代表性，具体如图 4-12～图 4-15 所示。表 4-3 为 1～60 号样本数据项目类型。

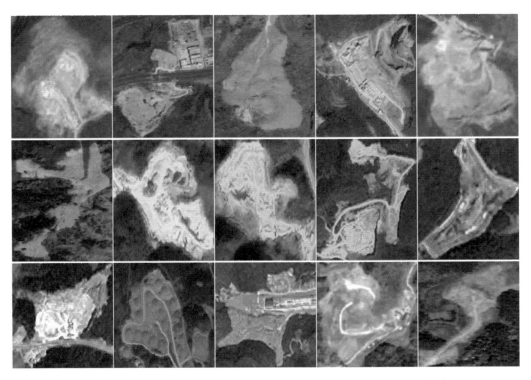

图 4-12 扰动图斑矢量数据自动提取技术研究样本（1～15 号试验样本）
注 图中顺序为从左到右、从上到下，以下 3 张图件数据与此相同。

图 4－13　扰动图斑矢量数据自动提取技术研究样本（16～30 号试验样本）

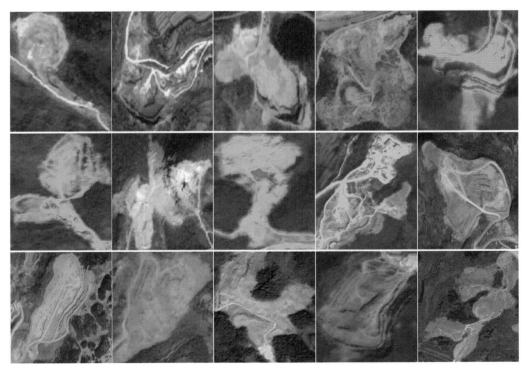

图 4－14　扰动图斑矢量数据自动提取技术研究样本（31～45 号试验样本）

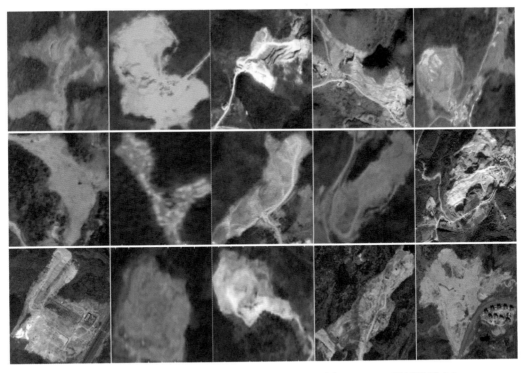

图 4 - 15　扰动图斑矢量数据自动提取技术研究样本（46～60 号试验样本）

表 4 - 3　　　　　　　　　　　1～60 号样本数据项目类型

样本编号	行　政　区	项目类型	备　　注
RasterData_1	观山湖区	露天非金属矿	
RasterData_2	碧江区	公路工程	
RasterData_3	碧江区	露天非金属矿	
RasterData_4	汇川区	露天非金属矿	
RasterData_5	三都水族自治县	露天非金属矿	
RasterData_6	独山县	其他行业项目	农林开发
RasterData_7	岑巩县	露天非金属矿	
RasterData_8	岑巩县	露天非金属矿	
RasterData_9	福泉市	露天非金属矿	
RasterData_10	福泉市	公路工程	
RasterData_11	福泉市	露天非金属矿	
RasterData_12	白云区	油气存储与加工工程	
RasterData_13	福泉市	公路工程	
RasterData_14	凤冈县	露天非金属矿	

续表

样本编号	行　政　区	项目类型	备　注
RasterData_15	凤冈县	其他行业项目	弃渣场
RasterData_16	汇川区	露天非金属矿	
RasterData_17	凤冈县	加工制造类项目	水泥厂
RasterData_18	凤冈县	露天非金属矿	
RasterData_19	凤冈县	露天非金属矿	
RasterData_20	凤冈县	其他行业项目	弃渣场
RasterData_21	赤水市	水利枢纽工程	
RasterData_22	赤水市	其他行业项目	农林开发
RasterData_23	碧江区	露天非金属矿	
RasterData_24	都匀市	公路工程	
RasterData_25	都匀市	露天非金属矿	
RasterData_26	都匀市	其他行业项目	博览园建设项目
RasterData_27	都匀市	露天非金属矿	
RasterData_28	安龙县	水利枢纽工程	
RasterData_29	都匀市	露天非金属矿	
RasterData_30	册亨县	露天非金属矿	
RasterData_31	德江县	露天非金属矿	
RasterData_32	德江县	露天非金属矿	
RasterData_33	德江县	露天非金属矿	煤矿
RasterData_34	碧江区	其他行业项目	弃渣场
RasterData_35	册亨县	露天非金属矿	砂石厂
RasterData_36	册亨县	露天非金属矿	砂石厂
RasterData_37	册亨县	露天非金属矿	砂石厂
RasterData_38	册亨县	露天非金属矿	砂石厂
RasterData_39	新蒲新区	露天非金属矿	石灰厂
RasterData_40	义龙新区	加工制造类项目	石灰厂
RasterData_41	汇川区	加工制造类项目	石灰厂
RasterData_42	红花岗区	其他行业项目	弃渣场
RasterData_43	汇川区	公路工程	
RasterData_44	红花岗区	露天非金属矿	采石场
RasterData_45	碧江区	其他行业项目	弃渣场
RasterData_46	观山湖区	房地产工程	

样本编号	行 政 区	项目类型	备 注
RasterData_47	册亨县	露天非金属矿	砂石厂
RasterData_48	独山县	其他行业项目	采石场
RasterData_49	独山县	其他行业项目	采石场
RasterData_50	汇川区	露天非金属矿	
RasterData_51	新蒲新区	其他城建工程	
RasterData_52	白云区	加工制造类	混凝土厂
RasterData_53	红花岗区	其他行业项目	农林开发
RasterData_54	修文县	水利枢纽工程	
RasterData_55	白云区	露天非金属矿	
RasterData_56	碧江区	加工制造类项目	
RasterData_57	白云区	公路工程	
RasterData_58	丹寨县	露天非金属矿	
RasterData_59	碧江区	其他行业项目	弃渣场
RasterData_60	碧江区	公路工程	

图 4-16 为 1～60 号样本栅格数据直方图。60 个样本数据直方图包含了单峰、双峰、多峰和锯齿形 4 类。其中样本 2 号、4 号、10 号、15 号、16 号、22 号、28 号、31 号、32 号、34、40 号、45 号、46 号、47 号、48 号、50 号、52、53、58 号直方图呈单峰分布，5 号、6 号、7 号、8 号、9 号、12 号、13 号、14 号、24 号、25 号、26 号、27 号、29 号、35 号、36 号、37 号、38 号、39 号、42 号、43 号、44 号样本直方图呈双峰分布，1 号、11 号、21 号、30 号、41 号、49 号、51 号、54 号、57 号样本直方图呈多峰分布，3 号、17 号、18 号、19 号、20 号、23 号、33 号、55 号、56 号、59 号、60 号样本直方图呈锯齿形分布。总体而言，上述 60 个样本具有较强的代表性。

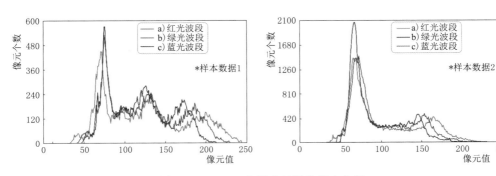

图 4-16（一） 各样本波段数据直方图

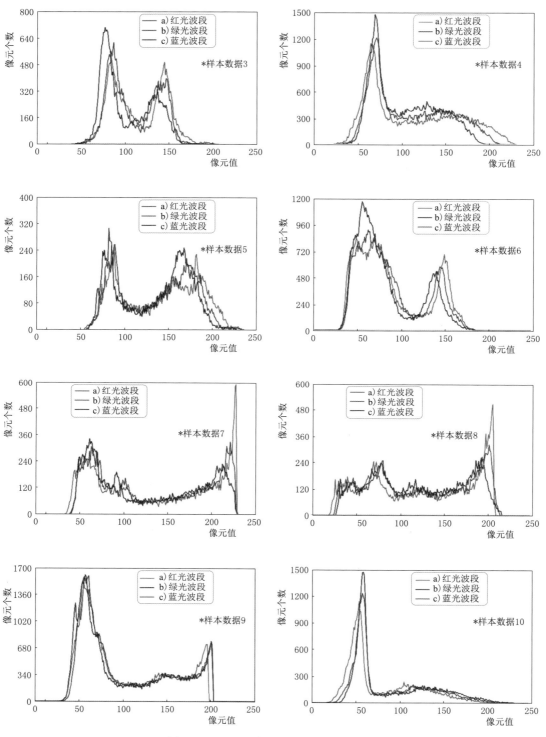

图 4-16（二）　各样本波段数据直方图

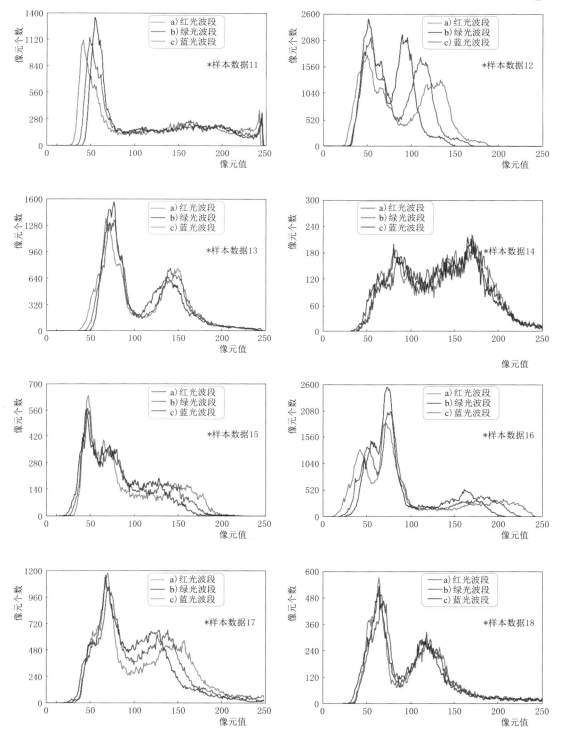

图 4-16（三） 各样本波段数据直方图

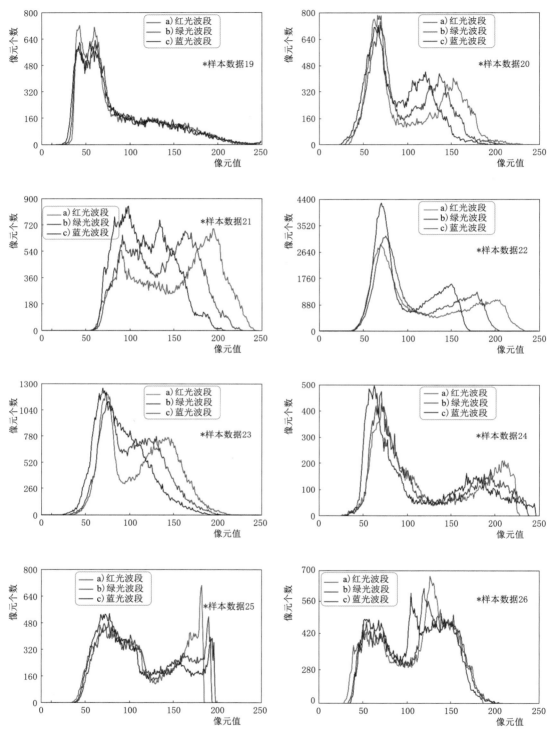

图 4-16（四）　各样本波段数据直方图

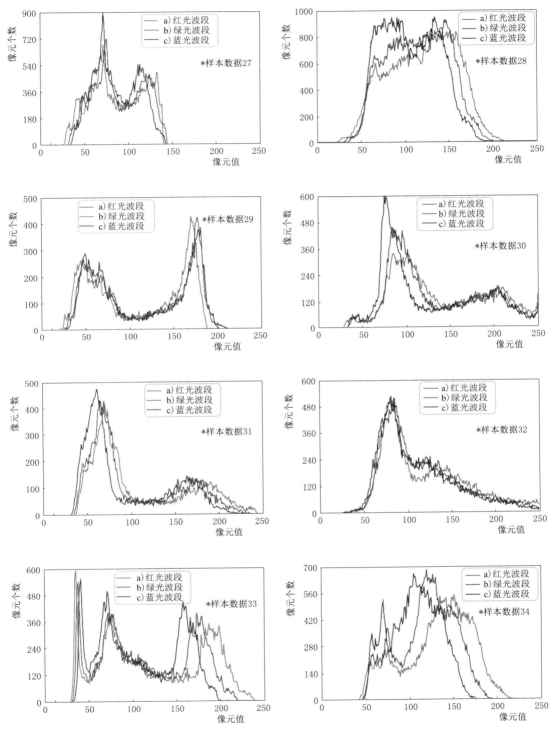

图 4-16（五） 各样本波段数据直方图

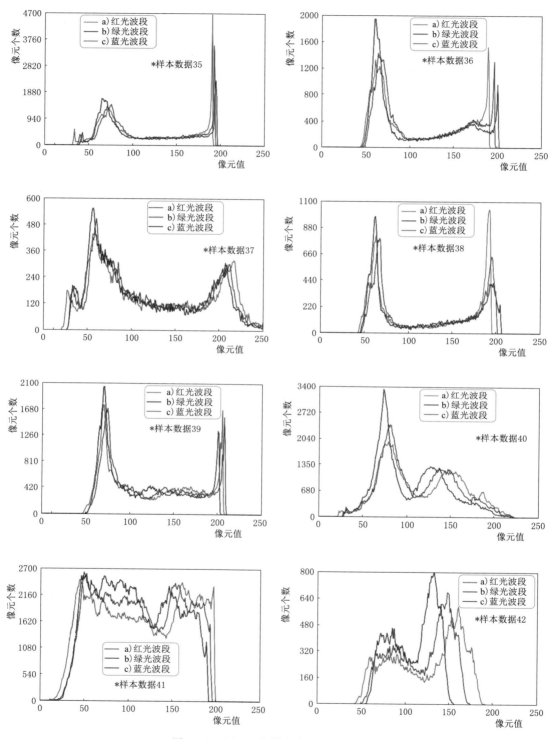

图 4-16（六） 各样本波段数据直方图

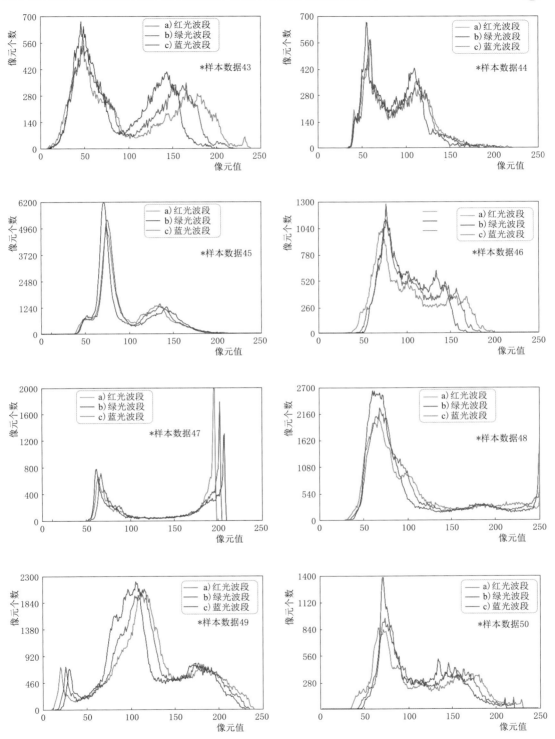

图 4-16（七） 各样本波段数据直方图

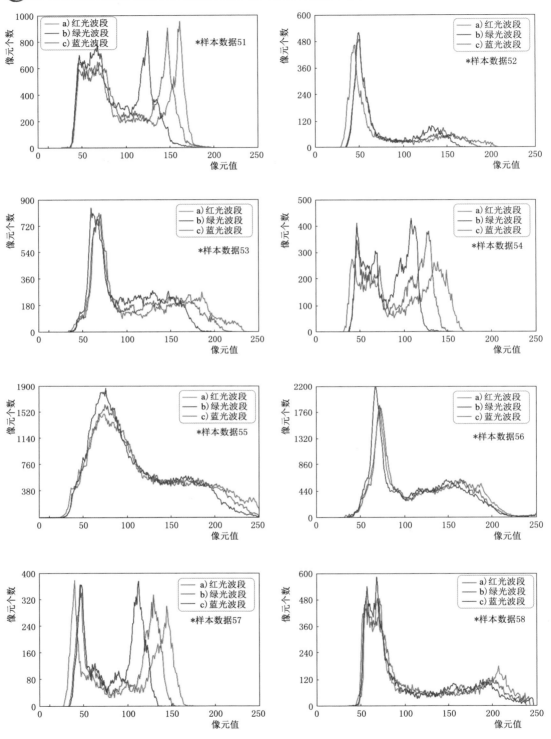

图 4-16（八） 各样本波段数据直方图

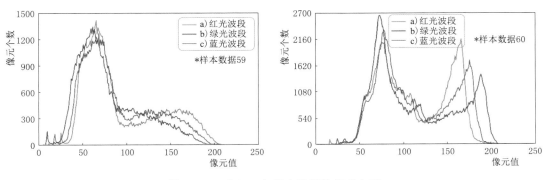

图 4-16（九）　各样本波段数据直方图

4.4.3　研究方法

4.4.3.1　KMeans 算法

KMeans 算法是一种无监督学习算法，用于将数据样本点划分为 K 个类别或聚类。基于距离度量（如欧氏距离、曼哈顿距离等），将数据点分配到最近的聚类中心，并更新聚类中心的位置以最小化每个聚类的内部距离。KMeans 算法的优点包括简单、易于实现、运行速度快和能够处理大规模数据集。此外，KMeans 算法还可以发现球形聚类，并且可以处理不同形状和大小的聚类。图 4-17 为某 KMeans 算法结果样例。

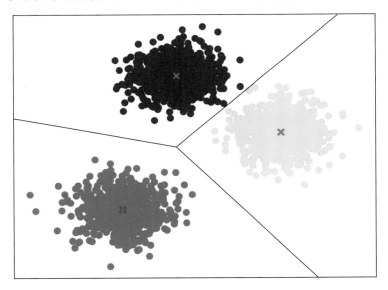

图 4-17　某 KMeans 算法结果样例

具体来说，KMeans 算法的一般步骤如下：

（1）随机选择 K 个数据点作为初始的聚类中心。

（2）对于每个数据点，计算它与每个聚类中心的距离，并将其分配到最近的聚类中心所在的类别。

（3）更新每个聚类的中心点，将其更新为该聚类中所有数据点的均值。

（4）重复步骤（2）和（3），直到满足终止条件，如聚类中心不再发生变化、达到最大迭代次数、误差平方和局部最小等。上面的计算流程可使用如下伪代码表示：

//

输入：数据集 X，聚类数目 K

1. 初始化聚类中心：让 $C=\{c_1, c_2, ..., c_K\}$ 为聚类中心的集合，随机选择 K 个数据点作为初始的聚类中心，即 $C=\{x_1, x_2, ..., x_K\}$。

2. 迭代直到终止条件满足：

　　重复以下步骤：

3. 分配数据点到最近的聚类中心：

　　对于数据集中的每个数据点 x_i：

　　3.1 计算数据点 x_i 与每个聚类中心 c_j（$c\in C$）的距离 dist（x_i, c_j），可以使用欧氏距离或其他距离度量方式。

　　3.2 将数据点 x_i 分配到距离最近的聚类中心所在的类别，记为 c_i，即 $c_i=\arg\min$（dist（x_i, c_j））

4. 更新聚类中心：

　　对于每个聚类中心 c_j（$c\in C$）：

　　将 c_j 更新为属于该聚类的所有数据点的均值，即 $c_j=$ mean（$\{x_i \mid x_i$ 属于类别 $c_i\}$）

5. 判断终止条件：

　　如果达到终止条件，如聚类中心不再发生变化、达到最大迭代次数、误差平方和局部最小等，则停止迭代。

输出：聚类结果，即每个数据点所属的聚类类别。

//

KMeans 算法原理简单，易于实现、收敛速度快、聚类效果优良、需要调整参数较少。但 K 初始值不好把握，导致计算易于陷入局部最优值，且对噪声和异常点较为敏感。K 值越大，可以降低数据的误差，但会增加过拟合的风险。选择最优的 K 值需要人工来指定，没有固定的公式或方法。K-means 算法不适用凸的数据集，若存在各隐含类别的数据不平衡或方差差异较大，可能导致聚类效果较差。K-means 算法对初始聚类中心的选择敏感，不同的初始选择可能会导致不同的聚类结果。此外，K-means 算法假设每个聚类具有球形形状，对于不同形状和大小的聚类可能不太适用。为了克服 K-means 算法的缺点，一些改进方法被提出，如 K-means++算法和 K-means||算法（K-means Parallel++）。K-means++算法通过选择初始聚类中心来避免 K-means 算法对初始选择敏感的问题。K-means||算法则通过并行计算来加速 K-means 算法的运行速度。

4.4.3.2　OTSU 算法

OTSU 算法是一种自适应的阈值确定方法，也称为大津阈值分割法，由大津展之在 1979 年提出，被认为是图像分割中阈值选取的最佳算法之一。该算法根据图像的灰度特性，将图像分割成前景区域和背景区域，其基本思想是根据分割的阈值计算图像的类间方差，将类间方差最大时对应的阈值作为最佳阈值。类间方差是指前景和背景之间的方差，方差越大，说明构成图像的两部分的差别越大。因此，通过选择使得类间方差最大的阈值，可以使得错分概率最小并求出图像的最佳分割阈值。

OTSU 是算法的具体步骤为：①读取图像，计算图像的灰度直方图；②初始化阈值 T；③将阈值 T 作为分割点，将图像分割成两个部分，即前景和背景；④计算前景和背景的灰度均值；⑤计算前景和背景的类间方差；⑥判断类间方差是否达到最大值，如果不是，则更新阈值 T，重复步骤第 3～第 5 步；⑦当类间方差达到最大值时，停止循环，输出最佳阈值 T。上述计算流程可使用如下伪代码表示：

///

输入：灰度图像 image

1. 初始化最大类间方差 max_variance＝0，最佳阈值 best_threshold＝0

2. 计算灰度直方图 hist：

初始化一个大小为灰度级别的数组 hist，用于存储每个灰度级别的像素数量

遍历图像的所有像素，统计每个灰度级别的像素数量，并保存在 hist 对应的位置

3. 遍历所有可能的阈值 t（从 0 到最大灰度级别－1）：

3.1 计算类别前景和背景的像素数量：

fore_pixel_count＝sum（hist［0：t＋1］）//前景像素数量

back_pixel_count＝sum（hist［t＋1：最大灰度级别］）//背景像素数量

3.2 计算前景和背景的像素概率：

fore_prob＝fore_pixel_count/（图像宽度 * 图像高度）//前景像素概率

back_prob＝back_pixel_count/（图像宽度 * 图像高度）//背景像素概率

3.3 计算前景和背景的灰度均值：

fore_mean＝sum（［i * hist［i］for i in range（0，t＋1）］）/fore_pixel_count//前景灰度均值

back_mean＝sum（［i * hist［i］for i in range（t＋1，最大灰度级别）］）/back_pixel_count//背景灰度均值

3.4 计算类间方差 variance：

variance＝fore_prob * back_prob * （fore_mean－back_mean）^{2}

3.5 更新最大类间方差和最佳阈值：

if variance＞max_variance：

max_variance＝variance

best_threshold＝t

4. 应用最佳阈值进行分割：

初始化二值化图像 result，与原始图像相同大小

对于图像中的每个像素（x，y）：

if image［x，y］＜＝best_threshold：

result［x，y］＝0//设置为背景

else：

result［x，y］＝255//设置为前景

输出：二值化图像 result，即将图像根据最佳阈值进行分割后的结果。

//

OTSU 算法简单直观，是一种经典的最优阈值求解算法，能够根据图像的灰度特性将图像分割成前景和背景两部分，并且具有计算简单快速、不受图像亮度和对比度的影响等优点。但是，该算法也存在一些显著的缺点：①当图像前景与背景像素个数相差较大时，导致图像直方图无明显双峰，亦或双峰极值相差很大，则图像分割效果较差。当前景和背景灰度有过多重叠时也难以准确将二者有效分割。②仅考虑图像的灰度分布，忽略了图像的空间信息，因此该算法容易受到噪声的干扰，可能会将噪声误判为前景或背景的一部分，导致分割效果不佳。③该算法适用于对单一目标进行分割，难以同时分割多个目标。④当目标与背景灰度值有较大重叠时，算法也可能无法准确地将它们分开。因为该算法仅考虑图像的灰度分布，忽略了空间信息，因此无法处理灰度严重重叠的情况。

4.4.3.3　精度评价指标

使用 60 个研究对象，分别采用人工目视解译、K-means 算法和 OTSU 算法分别获取各扰动图斑矢量文件，以人工目视解译结果为真实值，采用图像目标定位和检测中常用的交并比（Intersection Over Union，IOU）评价 K-means 算法和 OTSU 算法精确率，IOU 值越大表示结果越准确。

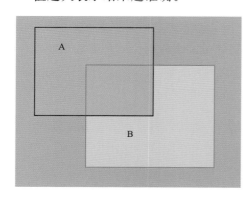

图 4-18　交并比计算示意图

如图 4-18 所示，A 区域为真实值（Ground Truth），B 区域为某方法计算结果，二者交并比（IOU）为

$$IOU = \frac{A \cap B}{A \cup B}$$

4.4.4　K-means 和 OTSU 算法图像分割精度比较

图 4-19 为 60 个扰动区域 K-means 和 OTSU 算法计算得到的矢量数据与人工目视解译真实值的交并比（IOU）统计曲线。总体而言，两种方法 IOU 值基本集中分布在 0.6～1.0 区间内，图像分割效果较为理想。K-means 算法结果 IOU 值分布在 0.6430～1.0000 之间，平均值为 0.8292±0.0691，变异系数为 0.0833。OTSU 算法结果 IOU 值分布在 0.5560～0.9360 之间，平均值为 0.8258±0.0693，变异系数为 0.0839。两种方法计算得到的结果精度基本相当，也较为稳定，属于弱变异范围。

图 4-20 和图 4-21 为 K-means 和 OTSU 算法计算结果 IOU 最大和最小样本示意图。其中"RasterData_9"样本 K-means 算法结果 IOU 值最大为 0.9787，"RasterData_3"样本 OTSU 算法结果 IOU 值最大为 0.9360。其中"RasterData_55"样本 K-means 算法结果 IOU 值最小为 0.6430，"RasterData_32"样本 OTSU 算法结果 IOU 值最小 0.5560。

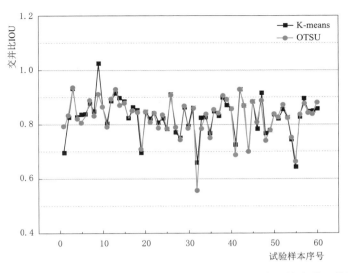

图 4-19 K-means 和 OTSU 算法扰动图斑提取结果与真实值交并比统计结果

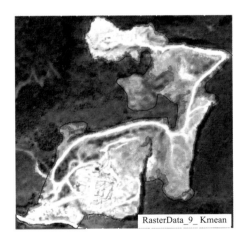

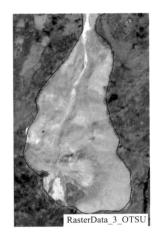

图 4-20 K-means 和 OTSU 算法 IOU 最大值样本展示

注 图中黑线表示人工目视解译勾绘扰动范围（真实值），红色表示算法提取得到扰动范围，下图与此相同。

当扰动区域遥感影像颜色与周边非扰动区域区别较大时，图像分割较为准确，如"RasterData_3_OTSU"样本所示，但"RasterData_9_Kmean"样本和"RasterData_55_Kmean"样本就有少部分区域没有得到准确的分割。扰动区域内遥感影像颜色、区域差别也相对较小时，图像也难以准确分割，如"RasterData_32_OTSU"样本所示。

总体来讲，遥感影像栅格数据像元值分布特征（直方图）与扰动图斑边界矢量化结果精度关系显著，二者间皮尔逊相关系数 $r=0.4960$（$P<0.01$），像元直方图呈典型双峰分布的栅格数据扰动图斑矢量化结果 IOU 较高，而单峰或多峰等其他分布特征的栅格数据扰动图斑矢量化结果 IOU 相对较差。

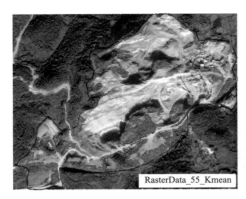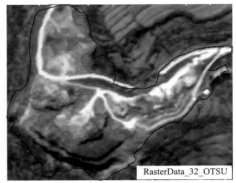

图 4 - 21　K - means 和 OTSU 算法 IOU 最小值样本展示

4.4.5　栅格数据噪声抑制与消除

栅格数据二值化后存在诸多背景噪声，表现形式为孤岛、孔洞和小斑等，为保证扰动区域边界的精准性，借助 GDAL 开源库函数 gdal. SieveFilter 对二元栅格数据噪声进行抑制和消除。

gdal. SieveFilter 在 Python 环境下调用命令为：SieveFilter（Band srcBand，Band maskBand，Band dstBand，int threshold，int connectedness = 4，char * * options = None，GDALProgressFunc callback＝0，void * callback_data＝None）－＞int。各参数含义为：srcBand：源波段，即要进行过滤的输入图像的某个波段，它是一个 GDAL Band 对象，提供了源图像数据。maskBand：掩膜波段，即用于定义要进行过滤的区域的掩膜图像的某个波段，它也是一个 GDAL Band 对象，提供了掩膜图像数据。掩膜图像中的非零像素表示保留区域，零像素表示要过滤的区域。dstBand：目标波段，即输出结果图像的某个波段，它同样是一个 GDAL Band 对象，用于存储处理后的图像数据。threshold：连接的像素数阈值，它是一个整数值，指定要保留的最小连接区域的像素数。超过此阈值的连接区域将被保留，小于此阈值的连接区域将被过滤掉。connectedness（可选参数，默认值为 4）：连接性，指定区域连接的方式。它是一个整数值，常用的取值有 4 和 8。4 代表四邻域连接，即上、下、左、右四个方向；8 代表八邻域连接，即包括 4 邻域和 4 个对角线方向。options（可选参数，默认值为 None）：其他选项，是一个字符串数组，用于提供额外的选项参数。比如，可以使用" －8"选项开启八邻域连接。callback（可选参数，默认值为 0）：进度回调函数，用于跟踪算法的进度。它是一个 GDALProgressFunc 类型的函数指针。callback_data（可选参数，默认值为 None）：进度回调函数的参数，可用于传递额外的数据给进度回调函数。该函数的返回值是一个整数，表示操作的结果状态。通常情况下，返回 0 表示成功，返回非零值表示出现错误或异常。

消除小斑最大像元个数（threshold）和小斑块连通个数（connectedness）是 gdal. SieveFilter 的两个重要参数。为了确定这两个参数最优值，我们分别使用不同参数值对二元栅格数据开展了小斑及孤岛消除试验和对比分析。threshold＝2、4、8、16、32、64，connectedness＝2、4、8、16，共计有 24 个组合。图 4 - 22 为扰动区域原始影像数据和图像分割后的二元栅格数据。可以看出，图像分割总体上将扰动区域和非扰动区域较为良好地分割开来，但图像分割后的二元栅格数据中存在有很多小斑或孤岛，如果基于此二元栅格数据提取扰动图斑矢量文件，会导致产生过多的零碎小图斑，与实际情况不符。

图 4 - 22　扰动区域原始影像数据和图像分割后的二元栅格数据

　　基于上述 24 个组合，分别使用 gdal. SieveFilter 函数对图像分割后的二元栅格数据中的小图斑或孤岛进行消除，结果如图 4 - 23 所示。总体而言，threshold 为 2、4、8 时，图像分割后的二元栅格数据小图斑或孤岛消除效果均不良好，但随着该值的增加小图斑或孤岛消除效果逐渐理想。threshold 为 16 或 32 时，小图斑或孤岛消除效果基本相当，与实际情况基本吻合，但当该值持续增加到 64 时，扰动区域范围内外小图斑或孤岛基本全部消除，所形成的边界范围与实际扰动区域高度一致。connectedness 值对小图斑或孤岛消除效果影响较小，当 threshold 较大时处理得到的结果均较为理想。

图 4 - 23 （一）　不同 Threshold 值和 Connectedness 值对小斑和孤岛消除效果的影响

图 4-23（二） 不同 Threshold 值和 Connectedness 值对小斑和孤岛消除效果的影响

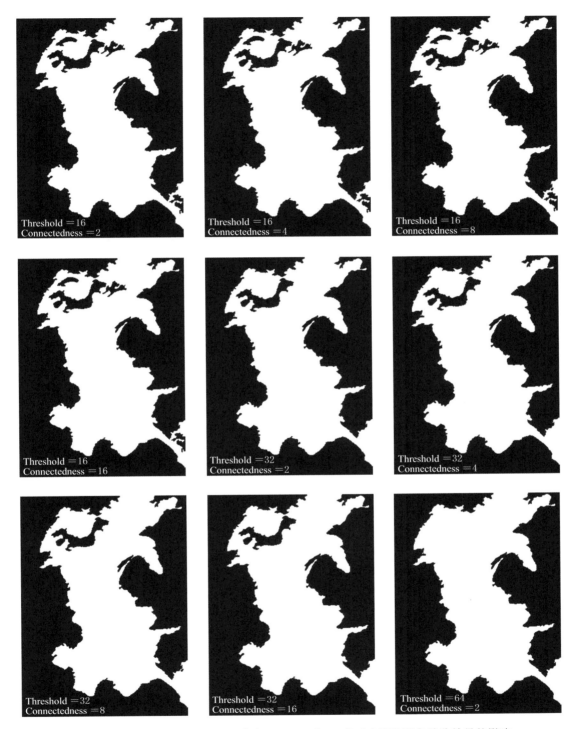

图 4 - 23（三） 不同 Threshold 值和 Connectedness 值对小斑和孤岛消除效果的影响

图 4 - 23（四） 不同 Threshold 值和 Connectedness 值对小斑和孤岛消除效果的影响

4.4.6 扰动区域边界自动矢量化

基于二值化的栅格数据（前景区域像元值为 255，背景区域像元值为 0），借助 GDAL 库函数 gdal. Polygonize 对二元栅格数据前景区域进行边界自动矢量化。gdal. Polygonize 在 Python 环境下调用命令为：Polygonize（Band srcBand, Band maskBand, Layer outLayer, int iPixValField, char * * options＝None, GDALProgressFunc callback＝0, void * callback_data＝None）－＞ int。各参数含义为：srcBand 是源波段，可以是 GDAL 波段对象或者一个 Numpy 数组，代表源栅格数据集中的波段数据。maskBand 是掩膜波段，可选参数；用于筛选源波段中需要处理的像元数据，可以是 GDAL 波段对象也可以是一个 Numpy 数组，也可以是 None，即无掩膜波段。需要注意的是掩膜波段行列号需要与源波段一致。outLayer 是输出矢量文件的 OGR 图层（Layer）对象，表示要保存多边形要素的矢量数据集。这是一个已经创建的矢量图层，可以通过 GDAL 的矢量驱动对象创建，如 ogr. GetDriverByName（′ESRI Shapefile′）。iPixValField 是像素值字段索引（整型），表示在多边形要素属性表中像素值的字段索引。如果不想在属性表中添加像素值字段，可以设置为－1。options 是可选参数，一组以 NULL 结尾的字符串，用于配置转换过程。例如，通过设置"8CONNECTED" "4CONNECTED" "8_CONNECTED" 或"4_CONNECTED" 来指定连接规则；通过设置"OPTIM" 或"NO_OPTIM" 来控制优化计算，默认为优化。callback 是进度回调函数（可选参数），用于追踪数据处理进度。callback_data 是回调数据（可选参数），是与进度回调函数关联的可选数据。可以是任何你想要传递给回调函数的自定义对象。

图 4 - 24 为 60 个实验样本扰动边界自动矢量化结果。总体而言，60 个实验样本扰动区域边界矢量化较为准确，基本能够清晰地反映扰动区域范围边界，满足生产建设项目水土保持信息化监管工作要求。

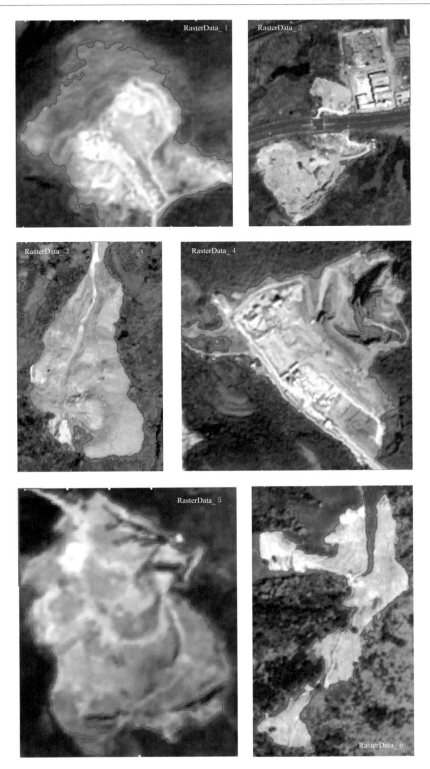

图 4 - 24（一） 60 个样本数据自动矢量化结果

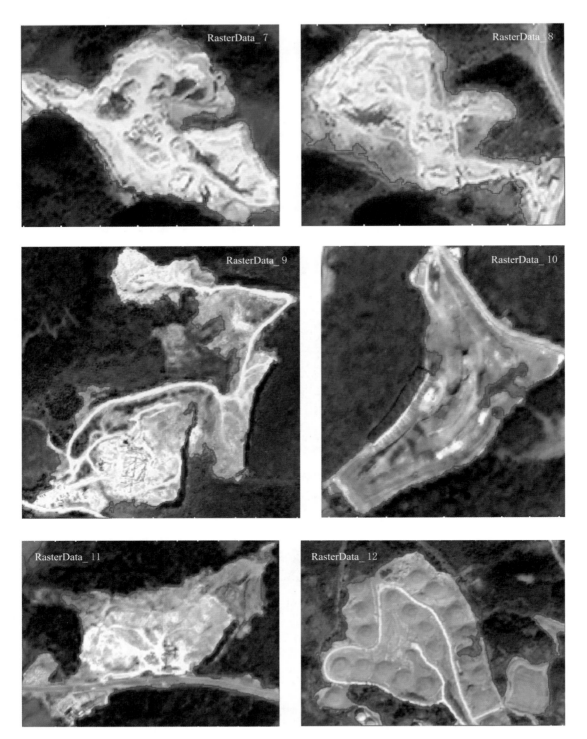

图 4 - 24（二）　60 个样本数据自动矢量化结果

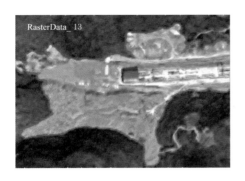

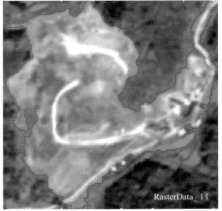

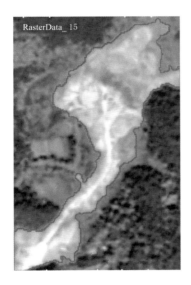

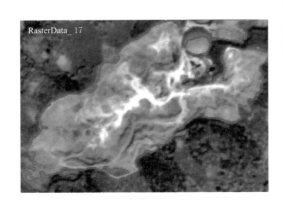

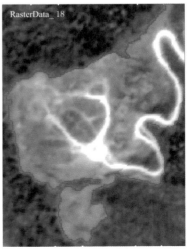

图 4 - 24 （三） 60 个样本数据自动矢量化结果

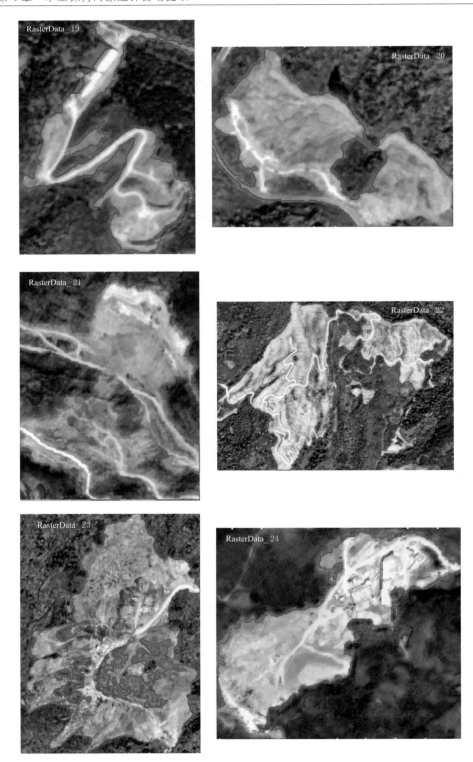

图 4 - 24（四）　60 个样本数据自动矢量化结果

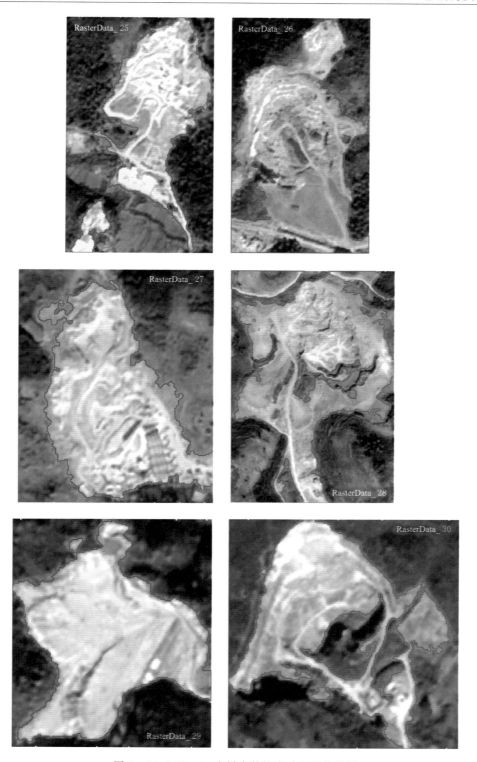

图 4 - 24（五）　60 个样本数据自动矢量化结果

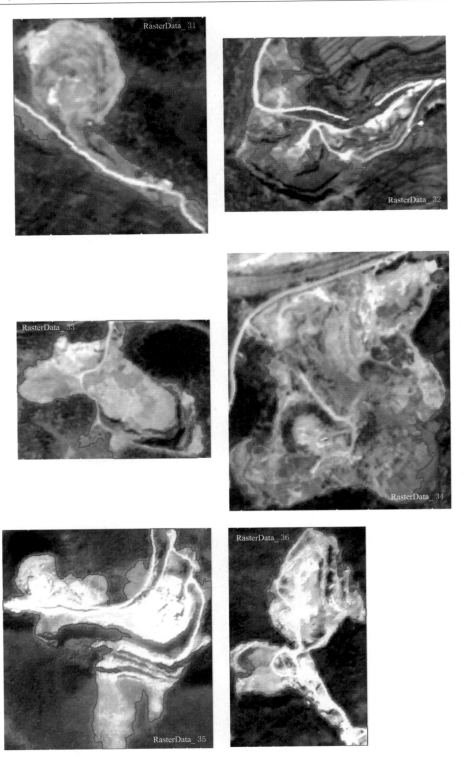

图 4 - 24（六）　60 个样本数据自动矢量化结果

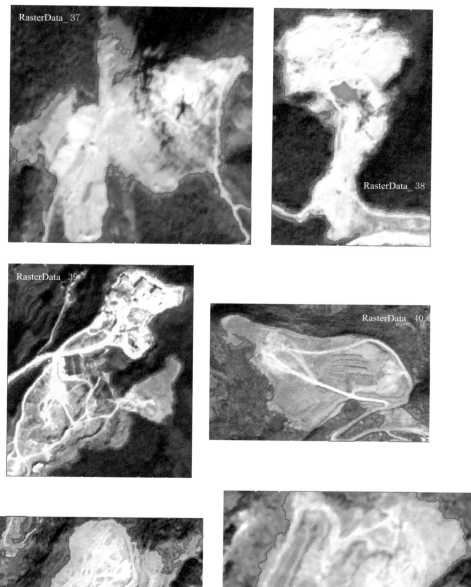

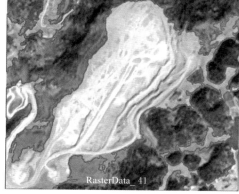

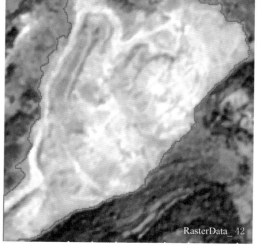

图 4-24（七） 60 个样本数据自动矢量化结果

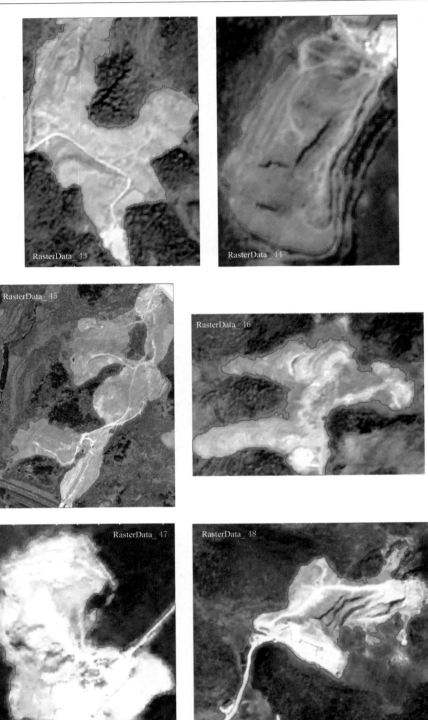

图 4 - 24（八）　60 个样本数据自动矢量化结果

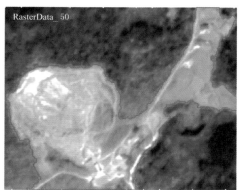

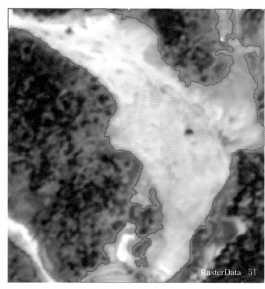

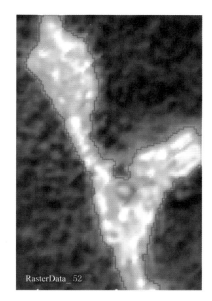

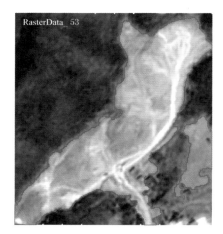

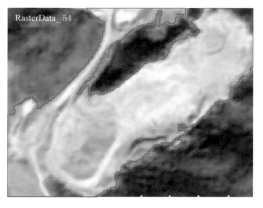

图 4-24（九）　60 个样本数据自动矢量化结果

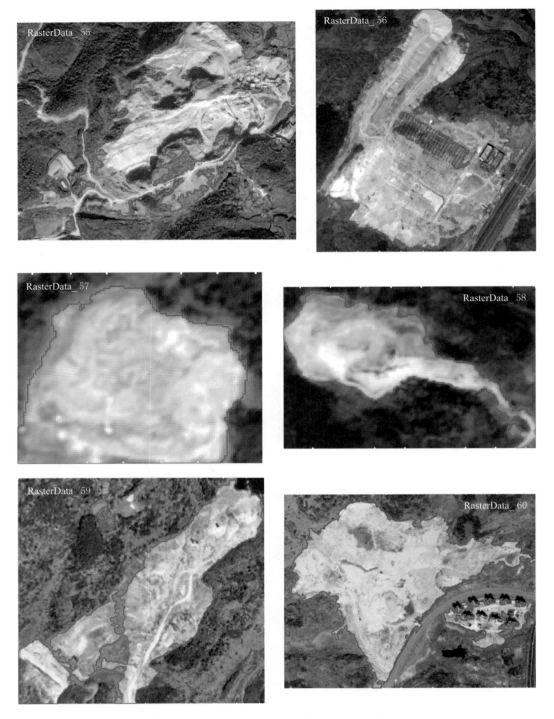

图4-24（十）　60个样本数据自动矢量化结果
注　红色边界表示扰动区域自动矢量化结果。

参 考 文 献

［1］ 汪小钦，王苗苗，王绍强，等．基于可见光波段无人机遥感的植被信息提取［J］．农业工程学报，2015，31（5）：152－159．

［2］ 尹忠东，陈俊晔，沈子伦，等．基于kmeans聚类的配网变压器绕组材质辨识算法［J/OL］．华北电力大学学报，2022．

［3］ 郭超凡，王旭明，石晨宇，等．基于改进kmeans算法的玉米叶片图像分割［J］．中北大学学报（自然科学版），2021，42（6）：524－529．

［4］ Otsu N. A threshold selection method from gray-level histograms. IEEE Transactions on Systems, Man, and Cybernetics ［J］. 1979，9（1）：62－66.

［5］ 黄鹏，郑淇，梁超．图像分割方法综述［J］．武汉大学学报（理学版），2020，66（6）：519－531．

［6］ 杨晖，曲秀杰．图像分割方法综述［J］．电脑开发与应用，2005，18（3）：21－23．

［7］ 何俊，葛红，王玉峰．图像分割算法研究综述［J］．计算机工程与科学，2009，31（12）：58－61．

［8］ 罗希平，田捷，诸葛婴，等．图像分割方法综述［J］．模式识别与人工智能，1999，12（3）：300－312．

［9］ 李丹阳，夏颖，马铭哲，等．基于自适应阈值分割算法的虹膜识别系统设计［J］．齐齐哈尔大学学报（自然科学版），2022，38（3）：26－31．

［10］ Guo L. Hole Detection Based on 2D Maximum Entropy Threshold Segmentation ［J］. Computer Engineering & Applications，2006，42（21）：226－228.

［11］ 余荣泉，段先华．基于最大熵和遗传算法的图像分割方法研究［J］．计算机与数字工程，2019，47（7）：1805－1809．

［12］ Lu Y L，Jiang T Z，Zang Y F. Region growing method for the analysis of functional MRI data ［J］. NeuroImage，2003，20（1），455－465.

［13］ 王新成．高级图像处理技术［M］．北京：中国科学技术出版社，2000．

第 5 章　扰动图斑智能解译提取技术集成

5.1　技 术 集 成 需 求

本书第 3 章、第 4 章详细介绍了基于高分辨率遥感影像扰动图斑智能解译和自动提取技术的研发情况，上述的功能模块都是开发环境下得到的结果，难以支撑用户环境的使用。因此，本章以计算机集成技术为基础，分两个内容介绍扰动图斑智能解译提取技术集成及其应用情况。其中云服务版成果并未充分考虑网络安全等相关内容，诸如数据加密、入侵检测、漏洞管理、安全监控等，在后续建设中将陆续完善这些内容。

技术集成是将不同的技术组件（功能模块）、系统或平台等有机地整合在一起，以实现共享资源、数据交换和协同工作的过程，达到更高效、更完善、更优秀的用户体验或业务目标。技术集成需要关注如何在不同技术层面上将多个独立的技术元素进行整合，以满足特定的需求或实现特定的目标。

技术集成工作一般包括：

（1）技术架构设计。研究如何设计和构建使用特定需要的技术架构，包括系统设计、组件设计、接口设计，用于实现各个技术运行的有序整合与协同工作。

（2）数据互操作性。充分考虑如何处理和管理不同技术间的数据格式、数据传输、数据转换、数据分发，以实现数据的共享与交换。

（3）接口和协议。设计和实现高效的接口和协议，确保不同技术间的相互通信与交互，满足协同工作需求。

（4）故障处理和安全性。研究如何处理技术集成中的故障与错误，提升和保证系统安全性和稳定性。

常见的技术集成方式包括：

（1）API 集成。API 集成是通过应用程序接口而实现不同系统、平台或应用程序的集成。API 是一组定义了数据和功能访问方式的规范，通过调用 API，不同系统可以进行数据交换和功能共享。例如，一个简单的电子商务网站可以通过与支付宝、微信支付等支付平台的 API 集成，实现在线支付功能。

（2）数据库集成。数据库集成是将不同数据库系统进行连接和整合，以实现数据的共享和一致性。通过数据库连接、查询等操作，不同系统可访问和操作不同权限等级的共享数据。例如，一个企业的不同部门可能使用了不同的数据库系统，通过数据库集成的方式可以将这些数据库整合在一起，最终实现数据的统一管理和查询调用。

（3）集成软件。集成软件是指特定的软件工具或平台，它提供了集成的能力和工具，用于整合不同系统、平台或应用程序。集成软件通常提供了图形化界面和工作流程，使用户可以简化集成过程。

（4）中间件集成。中间件集成是通过中间件来实现不同系统或应用程序之间的集成。中间件是位于操作系统和应用程序之间的软件层，用于处理和转发数据和请求。它可以提供接口、协议和消息队列等机制，用于实现系统之间的通信和数据交换。例如，Apache Kafka 作为一个分布式消息队列中间件，可以实现不同系统之间的数据传递和集成。

（5）云集成。云集成是将应用程序和数据迁移到云服务中，通过云平台来实现应用程序之间和数据之间的集成。云集成可以通过云中间件和 API 网关等工具来实现，使得应用程序可以通过云平台进行交互和集成。例如，Amazon Web Services（AWS）提供了云中间件和服务，可以将不同的应用程序和数据集成到 AWS 云平台中。

5.2 单 机 版

5.2.1 功能模块开发

扰动图斑智能解译提取软件各功能模块开发平台及语言为 Windows10 Professional；Intel（R）Core（TM）i7 - 8750H @ 2.20 GHz；GPU：NVIDIA Quadro P1000（4.0G）；内存 16 GB；Python 版本号为 3.8.12（64 位）；Tensorflow™ 版本号为 2.6.0。扰动图斑智能解译提取软件单机版界面见图 5 - 1。

图 5 - 1　扰动图斑智能解译提取软件单机版界面

使用 GDAL 高阶 API 实现遥感影像数据读取及其窗口滑动切片数据的生成，编写 Python 代码（.py），采用 Python 的 distutils. core. setup、Cython. Build. cythonize 和 distutils. extension. Extension 工具将上述代码打包为 pyd 格式的扩展模块（见图 5-2），供调用。使用 Tensorflow 相关 API 实现对切片数据的推理和识别，采用同样的方法打包生成遥感影像切片数据推理识别模块（.pyd）。联合使用 Open CV. GDAL 和 OGR 等开源模块实现对扰动区域扰动区域边界自动矢量化功能以及对扰动图斑进行后处理的相关功能融合、消除等，同样打包生成遥感影像切片数据扰动区域自动矢量化模块（.pyd）。

pf_contain_Chinese_or_not.cp38-win_amd64.pyd	2023/9/9 9:36	PYD 文件	34 KB
pf_create_a_folder.cp38-win_amd64.pyd	2023/9/9 9:29	PYD 文件	42 KB
pf_custom_round.cp38-win_amd64.pyd	2023/7/30 12:09	PYD 文件	43 KB
pf_DataStatisticalAnalysis.cp38-win_amd64.pyd	2023/9/20 21:44	PYD 文件	80 KB
pf_draw_confusion_matrix.cp38-win_amd64.pyd	2023/9/8 21:46	PYD 文件	52 KB
pf_draw_histogram.cp38-win_amd64.pyd	2023/10/13 10:30	PYD 文件	132 KB
pf_draw_history_curve.cp38-win_amd64.pyd	2023/9/8 21:56	PYD 文件	72 KB
pf_get_current_datetime_mark.cp38-win_amd64.pyd	2023/9/8 21:39	PYD 文件	51 KB
pf_get_function_run_time.cp38-win_amd64.pyd	2023/9/10 10:25	PYD 文件	52 KB
pf_get_special_suffix_files_list.cp38-win_amd64.pyd	2023/9/8 21:32	PYD 文件	38 KB
pf_GetDiskFreeSpace_TimeCountdown.cp38-win_amd64.pyd	2023/8/4 10:07	PYD 文件	52 KB
pf_hanzi_2_pinyin.cp38-win_amd64.pyd	2023/9/10 16:56	PYD 文件	37 KB
pf_model_build.cp38-win_amd64.pyd	2023/9/8 22:39	PYD 文件	102 KB
pf_model_train_precision_metrics.cp38-win_amd64.pyd	2023/9/8 22:08	PYD 文件	53 KB
pf_pretty_table_print.cp38-win_amd64.pyd	2023/9/9 9:32	PYD 文件	50 KB
pf_raster_binarized_by_OTSU.cp38-win_amd64.pyd	2023/9/12 22:07	PYD 文件	69 KB
pf_raster_binarized_data_2_vector.cp38-win_amd64.pyd	2023/9/10 11:03	PYD 文件	58 KB
pf_raster_clipper.cp38-win_amd64.pyd	2023/8/25 21:23	PYD 文件	80 KB
pf_raster_crompression.cp38-win_amd64.pyd	2023/9/18 12:15	PYD 文件	48 KB
pf_raster_kmeans_cluster.cp38-win_amd64.pyd	2023/9/14 17:07	PYD 文件	103 KB
pf_raster_slide_crop.cp38-win_amd64.pyd	2023/9/9 19:53	PYD 文件	93 KB
pf_raster_square_buffer_recrop.cp38-win_amd64.pyd	2023/9/9 20:11	PYD 文件	94 KB
pf_raster_square_crop.cp38-win_amd64.pyd	2023/9/9 18:35	PYD 文件	56 KB
pf_raster_to_polygon.cp38-win_amd64.pyd	2023/9/14 22:07	PYD 文件	107 KB
pf_RasterCalculator.cp38-win_amd64.pyd	2023/8/25 21:05	PYD 文件	115 KB
pf_set_callback_funcions.cp38-win_amd64.pyd	2023/9/8 23:09	PYD 文件	43 KB
pf_vector_delete_special_area_polygon.cp38-win_amd64.pyd	2023/9/12 22:33	PYD 文件	47 KB
pf_vector_field_operate.cp38-win_amd64.pyd	2023/7/20 14:24	PYD 文件	83 KB
pf_vector_files_union.cp38-win_amd64.pyd	2023/9/14 8:39	PYD 文件	84 KB
pf_vector_overlap_features_dissolve.cp38-win_amd64.pyd	2023/9/14 8:40	PYD 文件	70 KB
pf_vector_polygon_area_calculate.cp38-win_amd64.pyd	2023/9/12 22:26	PYD 文件	51 KB
pf_vector_polygon_hole_delete.cp38-win_amd64.pyd	2023/9/14 9:11	PYD 文件	53 KB
pf_VectorRasterCopy.cp38-win_amd64.pyd	2023/8/25 20:51	PYD 文件	80 KB
pf_vectors_union.cp38-win_amd64.pyd	2023/8/25 22:09	PYD 文件	84 KB
pf_vectors_update_merge.cp38-win_amd64.pyd	2023/8/25 22:06	PYD 文件	57 KB

图 5-2　编译打包好的 pyd 格式功能模块

5.2.2　功能模块打包

使用 Nuitka 对软件代码进行打包并生成 .exe 可执行文件（见图 5-3）。Nuitka 是一个用于将 Python 代码编译为 C/C＋＋的优化二进制文件的工具。Nuitka 通过将 Python 代码编译为机器码，消除了解释器的解释开销和动态类型检查，从而提高了程序的执行效率和速度。同时，Nuitka 可以将 Python 代码编译成可独立执行的二进制可执行文件（Executable file），无须单独安装 Python 解释器，便于分发和部署。此外，Nuitka 编译的二进制文件更难逆向破解和修改，提供了一定程度的代码保护。与 Cython、PyInstaller 相比，Nuitka 采用了如静态类型推断、全局优化之类的高级优化技术，代码编译速度明显提升。由于 Nuitka 编译了整个代码运行的 Python 环境，导致生成的二进制文件可能比原始 Python 代码大很多。Nuitka 调用格式如：nuitka［options］［--module｜--exe］＜module_or_script＞。其中［options］是可选的命令行选项，用于指定编译的参数和选项。可通过 nuitka--help 命令查看所有可用的选项及其说明。［--module｜--exe］是必选的选项之一，用于指定编译方式。--module 表示将 Python 模块编译为一个扩展模块（.so 或 .pyd），适用于将模块导入到其他 Python 脚本中使用。--exe 表示将 Python 脚本编译为一个独立的可执行文件（可执行二进制文件），适用于直接运行 Python 脚本。＜module_or_script＞是要编译的 Python 模块或脚本文件的路径。需要提供相应的文件路径作为命令的最后一个参数。

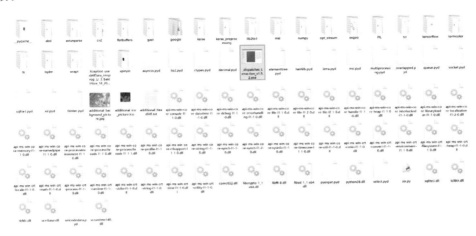

图 5 - 3　扰动图斑智能解译提取软件 exe 可执行文件

5.3　云　服　务　版

5.3.1　总体架构

5.3.1.1　软件描述

　　系统采用前后端分离的总体架构，这种架构的好处在于能够实现前端和后端的解耦，使得系统更加灵活和可扩展。通过 UmiJS 和 Leaflet 实现直观的前端界面和地图展示，而后端使用 JAVA 和 SpringBoot 实现数据处理和业务逻辑的后台服务。这种架构使得系统具备良好的可扩展性、可维护性，并能够有效地满足用户对地图数据的操作和展示需求。

　　UmiJS 是一个基于 React 的企业级前端应用框架，它提供了一套完整的开发工具和框架，帮助开发人员进行模块化开发、路由管理、状态管理等。借助 UmiJS 开发人员可以更加高效地构建前端界面，实现数据的可视化展示和用户交互。Leaflet 是一个开源的 JavaScript 库，用于创建交互式的地图应用。它提供了丰富的地图控件和交互功能，使得开发人员能够轻松地在地图上展示地理信息、进行位置标注和地图操作。借助 Leaflet 开发人员可以将地图元素无缝集成到前端界面中，为用户提供直观和可视化的地图体验。

　　JAVA 是一种通用的面向对象编程语言，具有良好的跨平台性和稳定性，广泛应用于企业级应用的开发。SpringBoot 是一个基于 Spring 框架的快速开发框架，它提供了简化的配置和开发流程，大大提高了开发效率。借助 SpringBoot 后端开发人员能够快速构建出高性能、可靠的服务端应用，处理前端请求并进行数据处理、业务逻辑等。

5.3.1.2　功能架构设计

　　功能架构包含四层，分别是前端层、后端层、存储层和计算层。功能设计见图 5 - 4。

（1）前端层，作为用户与云端功能交互的界面，主要承担了渲染和交互功能。它包括用于用户登录的界面化模块、配置管理模块，以及结果展示模块。这一层专注于提供友好直观的界面展示以及视图，从而为用户带来卓越的人机交互体验。

（2）后端层，主要包括核心的权限、用户、角色、配置、计算管理和调度等模块。这些模块在后端为前端提供 API 接口服务，以实现具体的用户管理和计算管理等功能。它们负责处理解析来自前端的用户指令，进行必要的计算，并将计算结果持久化存储。此外，用户配置信息也会被存储在这一层。

（3）存储层，主要是一个持久化的云存储模块。主要功能是承接后端需要持久化存储的内容，以确保数据在服务器关机或重启后仍能被持久保存。

（4）计算层，由分布式计算节点组成，负责接收后端发出的调度计算指令。一旦计算完成并生成结果，这些结果将立即传输回后端层，然后再由后端层保存到持久化的存储层。这样的分层设计确保整个系统能够高效、稳定地处理和响应来自用户的各种需求和指令，从而实现预期功能。

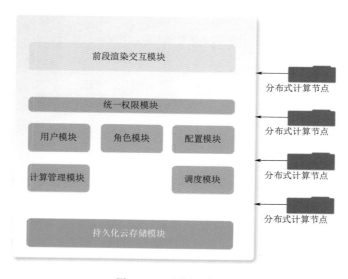

图 5-4　功能设计图

5.3.1.3　技术架构设计

技术架构设计参照了功能架构的四层设计思路，分别为前端层、后端层、存储层和计算层。每层的实现方式也与功能架构设计相似，下面将详细讨论各层的实现技术。技术架构设计见图 5-5。分布式计算架构设计见图 5-6。

（1）前端层。该层主要运行在客户端浏览器上，采用目前非常流行的 UmiJS 框架来实现前端交互和界面化。UmiJS 是一个企业级前端应用框架，具有优秀的交互体验和丰富的界面展示功能。同时，使用 Leaflet 库实现 GIS 相关信息的渲染和展示，它是一个开源的 JavaScript 库，可用于在移动设备上运行地图。此外，ECharts 用来绘制各种图表，以增强数据可视化效果。为了提高代码的打包和发布效率，采用 Webpack 管理前端资源的打包和压缩。

（2）后端层。该层的代码主要运行在云端 Docker 环境中。后端采用 Spring Gateway 框架来实现统一网关功能，该框架主要负责鉴权、转发等网络职责。同时，Spring Boot 框架和 Tomcat 被集成在一起，以加速 Web 应用开发。此外，使用 Oauth2.0 协议组件进行权限认证和校验。部署 GeoServer 服务实现地理信息的切片和展示。使用 MyBatis 持久化框架来辅助保存持久化的数据，并使用 Log4j 框架记录日志，以便开发易于调试的系统。

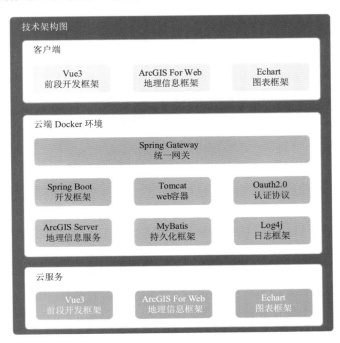

图 5-5　技术架构设计图

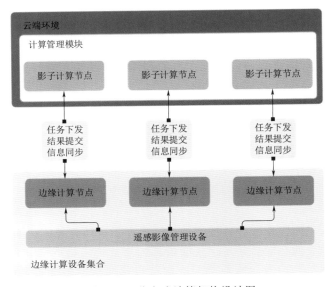

图 5-6　分布式计算架构设计图

（3）存储层。这一层主要包括 Mysql、Redis 和 COS。Mysql 是一种关系型数据库，主要用于存储用户、权限、计算任务等关系型数据。Redis 则是一种非关系型高速存储，主要作为缓存来提高网站性能。COS 是一种对象存储，主要用于存储文件、图片、Geojson 等非数值数据。

（4）计算层。主要职责是获取云端计算任务并启动计算任务，同时提交计算结果等。由于这一层不涉及用户界面和结果保存，选择 Spring Boot 框架进行开发，并利用 OkHttp 框架进行网络沟通，包括任务获取、结果提交、信息同步等。OkHttp 是一个高效的 HTTP 客户端，可以处理连接、请求/响应、缓存等操作，非常适合后台服务开发。

通过上述各层的详细设计和技术选择，技术架构将能够为整个系统提供稳定、高效的支持，实现前端与后端的交互、数据存储与计算等功能。

5.3.2　功能模块设计

5.3.2.1　计算模块设计

1. 需求描述

平台需要开发一个运行算法分析遥感影像，生成水土保持扰动图斑矢量文件，用于水土保持业务。该模块从云端平台中接收需要计算区域编码，从影像库中找到该区域，加载到计算平台进行计算，最后输出结果，并上传到云端保存。该模块需要具备分布式能力，按节点运算能力接收计算任务。

2. 流程设计

计算模块的主要工作流程如图 5-7 所示。当用户在前端界面点击"开始计算"按钮后，交互界面会将用户通过图形化界面输入命令转换为 API 请求，并发送到后端任务管理器进行处理。任务管理器在收到任务请求后，会将该任务持久化存储到 Mysql 数据库中。

前端接收到信息后，会将后端已经完成任务存储的命令以图形化方式展示给用户，作为对用户需求的响应。此时，用户的计算需求已经被记录到云平台后端，但实际的计算过程尚未开始。由于计算过程通常需要一定的时间（3～7min），因此采用异步方式告知用户已经开始计算，从而避免用户长时间等待计算结果。

随后，任务管理器模块会调配所有在线的计算节点，根据每个计算节点的工作负载进行排序，将任务发送到工作负载最轻的影子计算节点上。影子计算节点的设计是为了应对网络波动、故障掉线等问题。一旦影子节点收到任务，它将与实际的边缘计算节点进行任务同步和结果提交等。如果出现网络异常，影子节点将进行重连接，重新同步任务操作。

边缘计算节点从影子节点中获取任务后，启动计算程序，利用图形显卡和 CPU 完成计算任务，然后通过 HTTPS 协议将计算结果回传到影子节点。影子节点获取计算结果后，进行持久化存储。

用户可以在前端界面中查看计算任务是否完成。一旦计算完成，用户可以在前端发起结果获取请求。前端界面会向后端发送获取请求结果的请求，后端前往 COS 中获取存储的 GeoJson 格式数据，然后返回给前端。前端再将这些数据渲染到 GIS 地图中，呈现出计算结果情况。

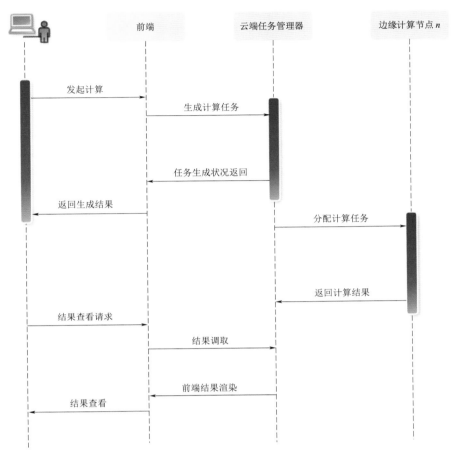

图 5 - 7　计算模块时序图

3. 接口设计

该模块主要功能为数据计算，包含任务获取接口、任务提交接口、数据压缩接口、在线通知接口、计算队列接口和线程池管理接口。

（1）任务获取接口，用于实现获取待处理计算任务。请求方法为 GET，请求路径为/api/tasks；返回一个待处理任务对象，包括任务 ID、相关参数等信息。

（2）任务提交接口，用于提交计算任务。请求方法为 POST，请求路径为/api/tasks；请求体包括计算任务所需数据（遥感影像数据、计算方法等）；返回任务提交成功的提示信息或任务 ID。

（3）数据上传接口。请求方法为 POST，请求路径为/api/upload；返回上传结果成功与否以及存储路径。

5.3.2.2　计算结果管理模块设计

1. 需求描述

计算结果管理模块旨在设计一个用于管理和查询计算成果的系统模块。该模块的主要功能包括结果记录、查询和分析，并提供相应的接口和页面以支持用户操作。该模块具体需求如下：

（1）记录分析结果数据，包括扰动图斑位置、面积、形状等信息。

（2）支持查询功能，允许用户根据条件（如时间范围、地理位置等）检索计算结果。

（3）提供统计和分析功能，例如计算扰动图斑数量、面积分布等。

（4）设计友好的页面，以便用户可以直观查看和管理计算结果。

2. 流程设计

计算结果管理模块流程包括结果记录流程、查询流程和统计分析流程，见图 5-8。

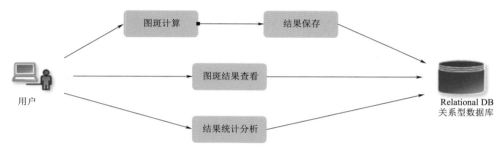

图 5-8　计算结果管理模块流程设计图

（1）结果记录流程。扰动图斑矢量结果数据，包含扰动图斑空间位置坐标、面积、几何形状信息等，同时结果数据保存到关系型数据库中，并关联对应的分析任务。

（2）查询流程。支持用户通过查询接口或页面提供参数，发送请求进行特定计算结果检索；后端接受请求后，根据给定参数条件从数据库中匹配查询对应结果数据并返回给用户。

（3）统计分析流程。支持用户发起指定时间与空间范围计算结果的统计分析请求，后端根据请求参数从数据库中提取相关计算结果，对计算结果进行统计分析并生成相应统计图表和分析报告，返回给用户。

3. 接口设计

计算结果管理模块接口包括结果记录接口、查询接口和统计分析接口。

（1）结果记录接口：使用 POST 请求方法，请求路径为/api/results/recordResult。主要功能是将扰动图斑计算结果数据保存到数据库中。接口参数包括 resultData，它包含了扰动图斑计算结果数据，以及各图斑位置坐标、面积、形状等信息。通过调用该接口，可以将扰动图斑计算成果数据保存到数据库中，便于后续的查询、统计和分析。

（2）查询接口：使用 GET 请求方法，请求路径为/api/results。主要功能是根据参数条件从数据库中查询匹配的计算成果数据。接口参数包括 startTime、endTime、location 等。通过调用该接口，可以根据给定的时间范围和地理位置信息，从数据库中查询相应的计算结果。这有助于用户了解扰动图斑在特定时间和空间范围内的分布情况。

（3）统计和分析接口：使用 POST 请求方法，请求路径为/api/results/analysis。主要功能是根据请求参数从数据库中提取相关的计算结果数据并进行统计和分析。接口参数包括 startTime、endTime、location 等。通过调用该接口，可以对特定时间范围内和特定地理位置上的扰动图斑结果数据进行统计和分析，以便了解扰动图斑的整体情况和变化趋势。

4. 数据库设计

使用 SQL（Structured Query Language）语言创建一个名为"DisturbanceResults"的数据库表，代码具体如下：

```
CREATE TABLE DisturbanceResults(
    result_id INT PRIMARY KEY AUTO_INCREMENT,
    area VARCHAR (255),
    storage_path VARCHAR (255) NOT NULL,
    url_path VARCHAR (255) NOT NULL,
    remark TEXT,
    creator VARCHAR (255) NOT NULL,
    create_time TIMESTAMP DEFAULT CURRENT_TIMESTAMP);
——创建索引
CREATE INDEX idx_creator ON DisturbanceResults (creator);
CREATE INDEX idx_create_time ON DisturbanceResults (create_time);
```

数据库表"DisturbanceResults"包括以下字段：result_id 是结果 ID，用于唯一标识扰动图斑结果的 ID，作为主键自增字段。area 是项目所在区域，记录计算结果的区域信息。storage_path 为存储路径，记录扰动图斑在 COS 中的绝对路径。url_path 为 URL 路径，记录扰动图斑存储相对路径。remark 为备注，记录其他相关信息。creator 为创建人，记录扰动图斑的创建人。create_time 为创建时间，记录结果数据生成时间。

此外，为了提高查询性能，额外创建了两个索引：idx_creator 是在 creator 字段上创建的索引，可以加快根据创建人进行查询的速度。idx_create_time 是在 create_time 字段上创建索引，可以加快根据创建时间进行查询的速度。

5.3.2.3 用户模块设计

1. 需求描述

用户设计模块需要满足如下需求：首先，要提供注册和登录功能，允许用户创建和管理自己的账户，并确保账户信息的安全性和保密性。其次，需要具备用户个人资料管理功能，使用户能够方便地修改用户名、密码和个人信息等，同时保证这些信息的准确性和完整性。此外，要实现用户权限管理，根据不同用户的角色和身份，确保能够访问和操作系统中的不同功能，并保证系统的安全性和稳定性。同时，需要提供易于使用的用户界面，使用户能够轻松地与系统进行交互和操作，并确保界面的一致性和易用性。最后，要支持用户注销功能，使用户能够安全地退出系统，并保护用户的隐私和账户安全。

2. 流程设计

用户模块流程主要包括用户注册、用户登录、用户资料管理、用户权限管理等流程（见图 5-9），这些流程设计确保了用户模块的完整性和可用性，使用户能够方便地使用和管理自己的账户和资料。同时，也保护了系统的安全性和稳定性。

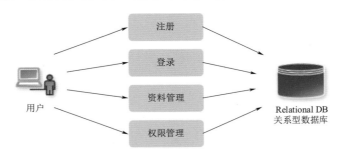

图 5-9　用户模块流程设计图

（1）用户注册流程：用户通过注册页面填写必要的信息，如用户名、密码和电子邮件等。系统验证这些信息的有效性和唯一性，如果验证成功，系统将创建用户账户，并向用户发送确认邮件。用户点击确认邮件中的链接，完成注册流程。

（2）用户登录流程：用户通过登录页面输入用户名和密码，系统验证这些信息。如果验证成功，系统将向用户授予访问权限，并跳转到用户主页。

（3）用户个人资料管理流程：用户登录后，可以访问个人资料页面和修改用户名、密码和个人信息等。提交修改资料后，系统将验证并更新用户的个人资料。

（4）用户权限管理流程：系统管理员通过管理界面分配和管理用户的权限。管理员可以为不同用户定义不同的角色和权限。

3. 接口设计

用户模块的接口包括用户注册接口、用户登录接口、个人资料接口和权限管理接口，上述接口允许用户能够便捷地管理和使用个人账户和资料，同时满足系统安全性和稳定性需求。

（1）用户注册接口。采用 POST 请求方法，请求路径为/api/register。主要功能是接收用户注册信息并创建新用户账户。在请求体中，需要包含用户注册所需信息，如用户名、密码、邮箱等。接口将返回注册成功或失败的提示信息或错误信息。

（2）用户登录接口。采用 POST 请求方法，请求路径为/api/login。其功能是验证用户身份并返回相应的访问令牌。在请求体中，需要包含用户登录所需信息，如用户名和密码。接口将返回登录成功后的访问令牌和用户相关信息，或登录失败的错误信息。

（3）个人资料接口。该接口提供了 GET 和 PUT 两种请求方法，请求路径为/api/profile。GET 请求用于获取用户的个人资料信息，而 PUT 请求则用于更新用户的个人资料，包括修改用户名、密码、邮箱等。接口将根据请求方法返回相应的执行结果或状态信息。

（4）权限管理接口。该接口提供了 GET、POST、PUT 和 DELETE 四种请求方法，请求路径为/api/admin/users。其功能是允许管理员对用户角色和权限进行管理。GET 请求用于获取用户列表及其角色信息；POST 请求用于创建新用户并分配角色；PUT 请求用于更新用户角色和权限信息；DELETE 请求用于删除用户及其相关信息。接口将返回相应的执行结果或状态信息。

4. 数据库设计

用户模块数据库设计包括以下三个主要表和相关的字段：

（1）用户表。用于存储用户的基本信息，包括但不限于用户名、密码和电子邮件等。这些信息将用于识别和验证用户身份。

（2）角色表。用于定义不同用户角色的权限级别。每个角色都应该有一组特定的权限，这些权限定义了该角色可以在系统中执行的操作和访问的资源。

（3）权限表。用于定义系统中不同功能和操作的权限。每个权限都应与一个特定的操作或功能相关联，并指定哪个角色可以执行该操作或访问该功能。这样的数据库设计可以确保用户模块的安全性和灵活性，同时保持数据的一致性和完整性。

5. 性能设计

为了确保用户模块的良好性能，主要考虑以下几个方面：首先，数据库索引是提高查询和检索速度的关键。需要为用户表和其他相关表添加适当的索引，以便在执行查询和检索操作时能够快速定位和获取数据。其次，缓存机制可以提高系统的响应性能。通过缓存用户数据和权限信息，可以减少对数据库的访问次数，从而降低数据库负载并提高系统的响应速度。此外，异步处理是提高系统性能的重要手段。对于耗时的操作，如用户注册和登录，采用异步处理可以避免阻塞主线程，提高系统的并发处理能力和响应速度。最后，安全性设计是保护用户数据安全性和完整性的关键。采用适当的安全机制，如密码加密和防止注入攻击等，以防止用户数据被泄露或篡改。上述可以确保用户模块的性能得到优化和提升，为用户提供更好的使用体验。

5.3.2.4 配置管理模块设计

1. 需求描述

配置管理模块需满足以下需求：首先，支持动态配置管理，允许用户对系统的各种配置进行实时修改和调整，以适应不同的业务需求和环境变化。其次，要提供配置项的查看、添加、编辑和删除功能，以便用户能够灵活地管理系统配置。这些功能应易于理解和操作，以便用户能够根据自己的需要进行配置管理。此外，要支持配置的版本控制和回滚功能，以便在需要时能够还原到先前的配置状态，可以确保系统稳定性和减少因配置问题导致的错误。同时，要实现配置的分组和分类，使用户能够按照需求对配置进行组织和管理，可以帮助用户更好地理解和跟踪不同配置项之间的关系。最后，要提供对配置的权限控制，确保只有授权用户才能进行配置的修改和管理，可以保护系统配置的安全性和稳定性，避免未经授权的修改和错误。通过以上设计一个功能完善、灵活易用的配置管理模块，以满足用户的不同需求并提高系统的可靠性和可维护性。

2. 流程设计

配置管理模块的流程设计涵盖了配置项的查看、添加、编辑、删除以及版本控制和回滚等功能，见图 5 - 10。

（1）配置项查看流程。用户通过配置管理界面浏览系统中的配置项列表，可根据需求进行筛选和排序，以快速定位目标配置项。点击配置项，用户可以查看其详细信息和当前取值。

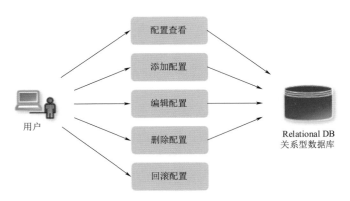

图 5 - 10 配置管理模块流程设计图

（2）配置项添加流程。用户通过点击添加配置项按钮，打开添加配置项页面。在填写配置项名称、描述和初始取值等必要信息后，提交添加请求，系统进行配置项的验证和保存操作。

（3）配置项编辑流程。在配置项列表中选择目标配置项，点击编辑按钮后，用户可以修改配置项的名称、描述和取值等信息。在提交修改请求后，系统进行配置项的验证和更新操作。

（4）配置项删除流程。在配置项列表中选择目标配置项，点击删除按钮后，系统弹出确认对话框，用户确认后执行删除操作。系统将该配置项从列表中移除，并进行相应的数据清理。

（5）配置版本控制和回滚流程。系统在每次对配置项进行修改或删除操作后，自动保存配置项的历史版本。用户可以查看配置项的版本历史，或选择回滚到先前的配置状态。提交回滚操作后，系统将配置项的取值恢复到指定的历史版本。通过上述流程设计，用户可以方便地查看、添加、编辑和删除配置项，同时系统能够实现配置的版本控制和回滚功能，以满足用户的不同需求并提高系统的可靠性和可维护性。

3. 接口设计

配置管理模块的接口设计包括配置项列表、配置项详情、配置版本控制以及权限管理等，以确保用户模块能够有效地管理和控制配置项。

（1）配置项列表接口。使用 GET 或 POST 请求方法，请求路径为/api/configurations。主要用于获取配置项列表，以及添加新的配置项。对于 GET 请求，返回结果将包括配置项的基本信息列表；对于 POST 请求，返回结果则为添加成功的信息。

（2）配置项详情接口。主要用于获取和更新配置项的详细信息。使用 GET 或 PUT 请求方法，请求路径为/api/configurations/ {configId}。通过 GET 请求，可以获取特定配置项的详细信息；而 PUT 请求则用于更新特定配置项的信息。返回结果根据请求方法将返回配置项的详细信息或更新成功的提示信息。

（3）配置版本控制接口。主要用于查看配置项的版本历史以及回滚到指定版本。使用 GET 或 POST 请求方法，请求路径为/api/configurations/ {configId} /versions。通过 GET 请求，可以获取特定配置项的版本历史列表；而 POST 请求则用于回滚特定配置项到指定版本。返回结果将根据请求方法，返回版本历史列表或回滚成功的提示信息。

（4）权限管理接口。请求方法为 GET、POST、PUT 和 DELETE 等，请求路径为/api/configurations/{configId}/permissions。主要用于配置项的权限控制和用户角色管理。通过 GET 请求，可以获取配置项的权限信息，包括可访问的用户角色列表；POST 请求用于为配置项分配新的用户角色权限；PUT 请求用于更新配置项的用户角色权限；DELETE 请求则用于删除配置项的用户角色权限。返回结果将根据具体操作返回相应的执行结果或状态信息。这样的接口设计可以实现配置管理模块的高效、灵活和安全控制，确保用户模块能够满足不同业务需求并保护系统数据的安全性和完整性。

4. 数据库设计

配置管理模块数据库设计包含配置项表和配置版本表。这两个表的设计考虑了各种使用场景和需求，以保证数据的安全、准确和高效管理。

首先，设计了一个名为"Configurations"的配置项表，用于存储所有配置项信息。表的主键是 config_id，这是一个自增的整数，每当添加新的配置项时，它会自动增加。name 字段用于存储配置项的名称，这是一个字符串类型，最大长度为 255。description 字段用于存储配置项描述信息，这是一个 TEXT 类型的字段，可以存储较长的文本信息。value 字段用于存储配置项具体值，也是一个 TEXT 类型的字段，可以处理较复杂的配置信息。为了提高查询性能，在 name 字段上创建了一个索引 idx_config_name。索引可以显著提高根据名称查找配置项的速度，这对于在大量配置项中快速查找特定的配置项非常有帮助。使用 SQL 语言创建配置项数据库表的代码如下：

```
CREATE TABLE Configurations(
    config_id INT PRIMARY KEY AUTO_INCREMENT,
    name VARCHAR (255) NOT NULL,
    description TEXT,
    value TEXT);
——创建索引
CREATE INDEX idx_config_name ON Configurations (name);
```

其次，设计了一个名为"ConfigVersions"的配置版本表，用于跟踪每个配置项的历史版本。这个表的主键是 version_id，这是一个自增的整数，每当添加新的版本时，它会自动增加。config_id 字段与配置项表的 config_id 字段相关联，用于建立两个表之间的联系。version_number 字段用于存储版本的编号，用于区分不同的版本。modified_time 字段记录了修改时间，默认值为当前时间戳，可以用来追踪每个版本的历史修改记录。value 字段存储了配置项的具体值，对于每个版本来说都是唯一的。在配置版本表中，使用 FOREIGN KEY 约束将 config_id 字段与配置项表的 config_id 字段关联起来，确保数据的完整性。此外，还创建了一个索引 idx_version_config_id 以提高根据配置项 ID 查找版本的速度。使用 SQL 语言创建配置版本数据库表代码如下：

```
CREATE TABLE ConfigVersions(
    version_id INT PRIMARY KEY AUTO_INCREMENT,
```

config_id INT NOT NULL，

version_number INT NOT NULL，

modified_time TIMESTAMP DEFAULT CURRENT_TIMESTAMP，

value TEXT，

FOREIGN KEY（*config_id*）REFERENCES Configurations（*config_id*））；

——创建索引

CREATE INDEX *idx_version_config_id* ON ConfigVersions（*config_id*）；

总的来说，这两个表的设计充分考虑了配置管理模块的需求和实际应用场景，通过合理的字段设计和索引优化，可以大大提高查询、添加和修改配置项的效率，同时保证数据的安全性和完整性。

5.3.2.5 日志模块设计

1．需求描述

本模块的主要目标是设计和实现一个全面的日志管理系统，以便在系统运行时捕捉、记录、查询和分析各种操作、错误和事件。

（1）日志记录。此功能需要能够记录系统运行时的详细信息，包括但不限于操作日志、错误日志和事件日志。这些日志应包含足够的信息，以描述事件发生的上下文和具体情况。通过这种方式，可以对系统行为有一个清晰、全面的了解。

（2）日志级别管理。为了满足不同的需求，该模块支持不同级别的日志记录。这些级别包括但不限于调试、信息、警告和错误。用户可以根据需要调整日志级别，以便获取更详细或更关注的信息。这种级别管理可以在不同的情况下调整日志的详细程度，以优化存储空间和关注度。

（3）日志查询。提供一个强大的查询接口，使用户可以根据时间范围、关键词和日志级别等条件进行日志检索。通过这种方式可以快速找到与特定事件或时间段相关的日志条目，从而更好地理解和解决问题。

（4）日志分析。此功能支持对日志数据深入分析，以便了解系统的运行状况和潜在问题。例如，可以统计不同级别日志的数量、错误率以及事件发生的频率等。通过这种方式可以更好地理解系统的性能和稳定性，以及及时发现和解决潜在问题。

日志管理模块将能够提供全面的系统运行信息，更好地理解系统的运行状况并及时发现和解决问题，以及优化系统的性能和稳定性。

2．流程设计

日志模块用于记录和追踪系统运行状态，见图5-11。设计时需要考虑以下三个主要流程：

（1）日志记录流程。当系统进行关键操作、出现错误或发生特定事件时，应自动生成相应的日志记录。这些记录应包括时间戳、事件级别（如操作、错误、警告等）、详细内容以及其他相关信息。这些信息将被保存在日志文件或数据库中，以便后续查询和分析。

（2）日志查询流程。用户可以通过查询接口发送请求，根据需要查找特定的日志记录。接口应接受如时间范围、关键词和日志级别等参数，然后后端将从日志文件或数据库中查询并返回匹配的日志记录。用户可以根据这些记录了解特定时间范围内的系统活动或查找关于特定事件的详细信息。

（3）日志分析流程。用户可以发起日志分析请求，定制所需分析的时间范围和统计维度。后端会根据这些参数从日志文件或数据库中提取相关的日志数据，并对这些数据进行统计和分析，生成详细的分析报告。报告将展示例如日志数量、错误率以及特定事件发生频率等信息，帮助用户更好地理解系统的性能、稳定性以及潜在问题。

一个完整的日志模块应能满足上述三个主要流程的需求，从而实现对系统运行状态的实时监控和深入分析。

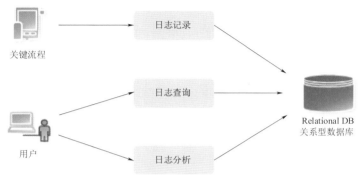

图 5 - 11　日志模块流程设计图

3. 接口设计

日志模块接口包括日志记录接口、日志查询接口和日志分析接口，上述接口会根据请求参数从日志文件或数据库中提取相关数据，进行统计和分析，并生成分析结果返回给用户。用户可以利用这些结果了解系统的性能和稳定性，以及发现和解决潜在问题。

（1）日志记录接口：log（level，message，additional_info）。该接口用于将指定级别的日志记录保存到日志文件或数据库中。它接受三个参数：level 为日志级别，包括调试、信息、警告和错误等；message 为日志内容；additional_info 为其他相关信息。通过调用这个接口，系统在发生关键操作、错误和事件时可以生成对应的日志记录，并将其保存以供后续查询和分析。

（2）日志查询接口：GET/api/logs。该接口用于根据参数条件查询匹配的日志记录。它接受以下参数：start_time 为日志开始时间；end_time 为日志结束时间；keyword 为日志关键词；level 为日志级别。通过传递这些参数，用户可以从日志文件或数据库中检索出符合条件的日志记录。接口会返回匹配的日志记录以供用户查看和分析。

（3）日志分析接口：POST/api/logs/analysis。该接口用于对日志数据进行统计和分析。它接受以下请求体参数：start_time 为日志开始时间；end_time 为日志结束时间；analysis_type 为日志分析类型，如统计数量、错误率和事件频率等。

4. 数据库设计

如下 SQL 代码创建了一个名为"Logs"的日志表，该表用于存储系统运行时的操作、错误和事件等信息。

CREATE TABLE Logs(

log_id INT PRIMARY KEY AUTO_INCREMENT，

log_level VARCHAR（20）NOT NULL，

log_content TEXT NOT NULL，

timestamp TIMESTAMP DEFAULT CURRENT_TIMESTAMP，

other_info TEXT）;

--创建索引

CREATE INDEX idx_log_level ON Logs（log_level）;

CREATE INDEX idx_timestamp ON Logs（timestamp）;

"Logs"日志表包括以下字段：log_id 为日志 ID，作为主键自增字段；log_level 为日志级别，用于标识日志的重要程度；log_content 为日志内容，记录具体的日志信息；timestamp 为日志时间戳，记录日志的时间；other_info 为日志的其他相关信息，可根据实际需要添加更多字段。为了提高查询性能，上述建表语句中包含了两个索引的创建语句：idx_log_level 为在 log_level 字段上创建索引，可以加快根据日志级别的查询速度。idx_timestamp 为在 timestamp 字段上创建索引，可以加快根据时间戳的查询速度。

5.3.3　应用界面展示

（1）登录主界面。图 5-12 是用户端默认页面。登录主界面仅包括远程用户登录窗口以提供输入已经注册授权的账号和密码。

图 5-12　扰动图斑智能解译提取云服务端登录主界面

（2）计算界面。用户登录后的界面如图 5-13 所示，界面包括左侧边栏和顶部边栏。左侧边栏包括"首页地图""任务管理""计算程序管理""日志管理"和"系统管理"。顶部边栏包括"计算区域选择""计算区域边界显示（显示）""任务提交与计算（计算）""计算任务选择""刷新（刷新）""计算结果获取（获取）""复制计算结果路径（复制）"。图 5-14 为计算区域选择和计算结果显示。

（3）日志管理界面。日志管理包括"系统日志"和"Coskafka 日志"。"系统日志"

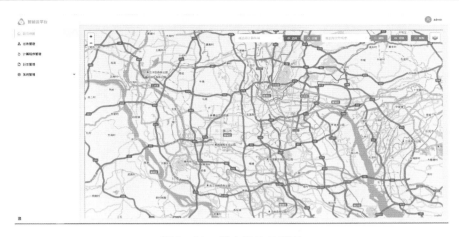

图 5-13 用户登录后界面

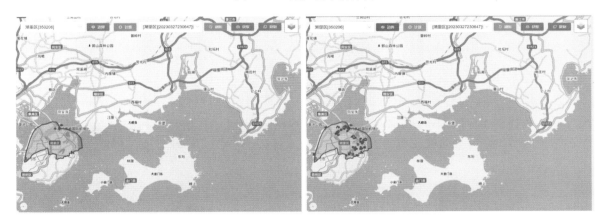

图 5-14 计算区域选择与计算结果展示

包括日志模块、日志级别、日志内容、创建时间、创建人等内容；"Coskafka 日志"包括文件名、文件地址、时间和操作等内容。图 5-15 为日志查询管理界面。

图 5-15 日志查询管理界面

（4）任务管理界面。任务管理包括任务名称、区域 ID、shp 路径（计算结果）、geoj-son 路径（计算结果）、备注、重试次数、创建时间、创建人、状态和操作，操作包括复制 geojson 结果、下载云端 shap 结果和删除任务。任务管理界面如图 5-16 所示。

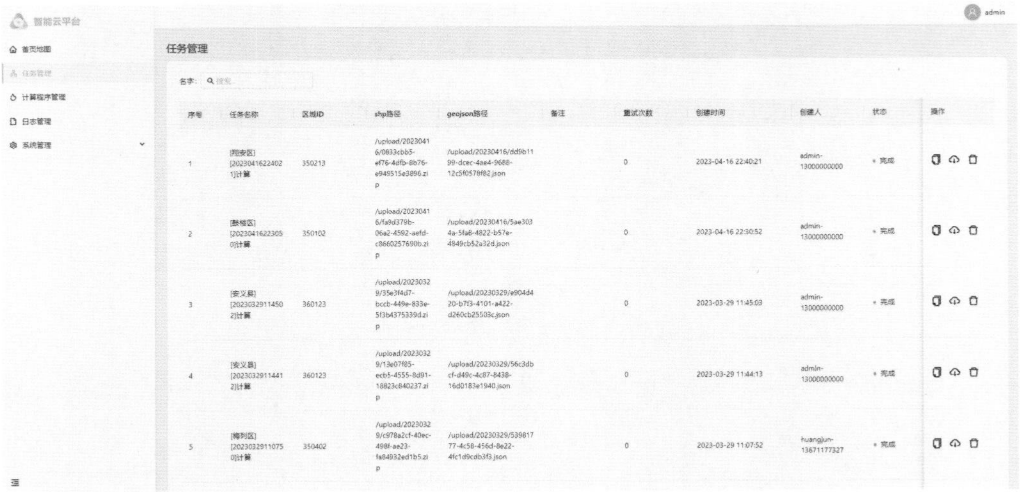

图 5-16　任务管理界面

（5）计算程序管理。图 5-17 为计算程序管理界面，包括计算单元名称、任务情况（离线/在线）、最后链接时间、启停状态以及操作。

图 5-17　计算程序管理界面

（6）系统管理界面。系统管理界面包括系统账号、系统角色、系统资源、应用管理和系统配置。图 5-18 为系统账号管理界面，包括用户名、昵称、手机号、邮箱、上次登录时间、创建人、创建时间、更新人、更新时间和操作。图 5-19 为系统角色界面，包括角色名称、角色 code、创建人、创建时间、更新人、更新时间、状态和操作。图 5-20 为系统资源界面，包括资源名称、资源 code、创建人、创建时间、更新人、更新时间、状态。图 5-21 为系统配置界面，包括编码、名称、内容、描述和操作等内容。

图 5-18　系统管理——系统账号界面

图 5-19　系统管理——系统角色界面

图 5-20　系统管理——系统资源界面

图 5 - 21　系统管理——系统配置界面

附件1 典型前馈型神经网络模型代码

```
# 该前馈性神经网络有 2 个输入、1 个输出、2 个隐含层、8 个神经元节点,使用 Tensorflow2.0 版本 API 搭建
# 定义输入层、隐含层和输出层的神经元节点数
n_input, n_hidden_1, n_hidden_2, n_output = 2, 8, 8, 1

# 定义输入和输出占位符
inputs = tf.keras.layers.Input (shape= (n_input,), name='inputs')
outputs = tf.keras.layers.Input (shape= (n_output,), name='outputs')

# 定义每层的权重和偏置
hidden1_weights = tf.Variable (tf.random.normal ([n_input, n_hidden_1]), name='hidden1_weights')
hidden2_weights = tf.Variable (tf.random.normal ([n_hidden_1, n_hidden_2]), name='hidden2_weights')
output_weights = tf.Variable (tf.random.normal ([n_hidden_2, n_output]), name='output_weights')

hidden1_biases = tf.Variable (tf.random.normal ([n_hidden_1]), name='hidden1_biases')
hidden2_biases = tf.Variable (tf.random.normal ([n_hidden_2]), name='hidden2_biases')
output_biases = tf.Variable (tf.random.normal ([n_output]), name='output_biases')

# 构建前向传播计算图
hidden_1 = tf.keras.layers.Dense (units=n_hidden_1, activation='relu', name='hidden1_output') (inputs)
hidden_2 = tf.keras.layers.Dense (units=n_hidden_2, activation='relu', name='hidden2_output') (hidden_1)
output = tf.keras.layers.Dense (units=n_output, activation='sigmoid', name='final_output') (hidden_2)

# 定义损失函数和优化器
cost = tf.reduce_mean (tf.nn.sigmoid_cross_entropy_with_logits (logits=output, labels=outputs))
optimizer = tf.optimizers.Adam (learning_rate=0.01)

# 定义训练函数
@tf.function
def train_step (inputs, labels):
    with tf.GradientTape () as tape:
        prediction = output (inputs)
        loss = cost (labels, prediction)
    grads = tape.gradient (loss, output.trainable_variables)
    optimizer.apply_gradients (zip (grads, output.trainable_variables))
    return loss
```

附件2 典型反馈型神经网络模型代码

```
class FeedbackNeuralNetwork：
    def_init_(self，input_size，hidden_size，output_size)：
        self. input_size = input_size
        self. hidden_size = hidden_size
        self. output_size = output_size
        # 定义权重矩阵
        self. W_input_hidden = np. random. randn (hidden_size，input_size)
        self. W_hidden_output = np. random. randn (output_size，hidden_size)
    def forward (self，inputs)：
        # 计算隐藏层输出
        hidden = np. dot (self. W_input_hidden，inputs)
        # 对隐藏层输出进行激活函数处理
        hidden = self. activation_function (hidden)
        # 计算输出层输出
        outputs = np. dot (self. W_hidden_output，hidden)
        return outputs
    def activation_function (self，x)：
        # 使用 sigmoid 作为激活函数
        return 1 / (1 + np. exp (- x) )
# 初始化反馈神经网络对象
input_size = 3
hidden_size = 4
output_size = 2
net = FeedbackNeuralNetwork (input_size，hidden_size，output_size)
# 输入样本
inputs = np. array ( [0. 5，0. 2，0. 7] )
# 前向传播
outputs = net. forward (inputs)
```

附件 3   典型卷积神经网络模型代码

♯ 该卷积神经网络有 1 个卷积层、1 个池化层、1 个全连接层、1 个 Dropout 层和一个正则化层,使用 Tensorflow2.0 版本 API 搭建

♯ 定义 CNN 网络结构

```python
def convolutional_neural_network ():
    model = tf. keras. Sequential ()
    ♯ 卷积层 1
    model. add (layers. Conv2D (filters=32, kernel_size= (3, 3), padding='same', activation='relu', input_shape= (28, 28, 1) ) )
    ♯ 池化层 1
    model. add (layers. MaxPooling2D (pool_size= (2, 2) ) )
    ♯ 正则化层
    model. add (layers. BatchNormalization () )
    ♯ Dropout 层
    model. add (layers. Dropout (0.25) )
    ♯ 全连接层 1
    model. add (layers. Flatten () )
    model. add (layers. Dense (units=128, activation='relu') )
    ♯ 正则化层
    model. add (layers. BatchNormalization () )
    ♯ Dropout 层
    model. add (layers. Dropout (0.5) )
    ♯ 输出层
    model. add (layers. Dense (units=1, activation='sigmoid') )
    return model
```

附件4 典型长短记忆网络模型代码

```
# 定义模型参数
input_shape =（100，64）# 例如，时间步长 100，特征维度 64
output_units = 10 # 输出层单元数，比如分类问题的类别数量
# 创建序列模型
model = Sequential（）
# 添加 LSTM 层
model. add（LSTM（128，return_sequences=True，input_shape=input_shape））
model. add（Dropout（0.2））
# 添加第二个 LSTM 层
model. add（LSTM（64，return_sequences=True））
model. add（Dropout（0.2））
# 添加第三个 LSTM 层
model. add（LSTM（64））
model. add（Dropout（0.2））
# 添加第一个密集连接层
model. add（Dense（64，activation='relu')）
model. add（Dropout（0.2））# 可选的 dropout 层
# 输出层
model. add（Dense（output_units，activation='softmax')）
# 编译模型
model. compile（optimizer='adam',
                loss='categorical_crossentropy',
                metrics=［'accuracy'］）
```

附件5 典型变分自编码器网络模型代码

```
# 定义 VAE 网络结构
latent_dim = 2 # 编码器的潜在维数
def vae_network（img_shape）:
    input_shape = (img_shape [0], img_shape [1], img_shape [2] )
    inputs = tf. keras. Input (shape=input_shape, name='encoder_input')
    x = layers. Conv2D (32, 3, activation='relu', strides=2, padding='same') (inputs)
    x = layers. Conv2D (64, 3, activation='relu', strides=2, padding='same') (x)
    x = layers. Flatten () (x)
    x = layers. Dense (16, activation='relu') (x)
    # 编码器层
    z_mean = layers. Dense (latent_dim, name='z_mean') (x)
    z_log_var = layers. Dense (latent_dim, name='z_log_var') (x)
    # 采样层，生成编码器的潜在变量 z
    def sampling（args）:
        z_mean, z_log_var = args
        batch = tf. shape (z_mean) [0]
        dim = tf. shape (z_mean) [1]
        epsilon = tf. keras. backend. random_normal (shape= (batch, dim) )
        return z_mean + tf. exp (0. 5 * z_log_var) * epsilon
    z = layers. Lambda (sampling, output_shape= (latent_dim,), name='z') ( [z_mean, z_log_var] )
    # 解码器层
    decoder_input = layers. Input (shape= (latent_dim,), name='z_sampling')
    x = layers. Dense (7 * 7 * 64, activation='relu') (decoder_input)
    x = layers. Reshape ( (7, 7, 64) ) (x)
    x = layers. Conv2DTranspose (64, 3, activation='relu', strides=2, padding='same') (x)
    x = layers. Conv2DTranspose (32, 3, activation='relu', strides=2, padding='same') (x)
    outputs = layers. Conv2DTranspose (1, 3, activation='sigmoid', padding='same') (x)
    # 定义编码器和解码器
    encoder = tf. keras. Model (inputs, [z_mean, z_log_var, z], name='encoder')
    decoder = tf. keras. Model (decoder_input, outputs, name='decoder')
    # 建立 VAE 模型
    outputs = decoder (z)
    vae = tf. keras. Model (inputs, outputs, name='vae')
    # VAE 损失函数，包括重构损失和 KL 散度损失
    reconstruction_loss = tf. keras. losses. binary_crossentropy (inputs, outputs)
    reconstruction_loss *= input_shape [0] * input_shape [1]
    kl_loss = 1 + z_log_var - tf. square (z_mean) - tf. exp (z_log_var)
```

```
kl_loss = tf. reduce_mean (kl_loss, axis=-1)
kl_loss *= -0.5
vae_loss = tf. reduce_mean (reconstruction_loss + kl_loss)
vae. add_loss (vae_loss)
return encoder, decoder, vae
```

附件6 典型深度信念网络模型代码

```
class DeepBeliefNetwork：
    def init_(self，layer_sizes)：
        self. layer_sizes = layer_sizes
        self. rbms = []
        ♯ 初始化各层的 RBM
        for i in range（len（layer_sizes）− 1）：
            visible_size = layer_sizes [i]
            hidden_size = layer_sizes [i + 1]
            rbm = tfp. layers. RBM（visible_units＝visible_size，hidden_units＝hidden_size，name＝" RBM
_" + str（i））
            self. rbms. append（rbm）
    def pretrain（self，x_train，learning_rate＝0. 01，epochs＝10，batch_size＝32）：
        for rbm in self. rbms：
            rbm. compile（optimizer＝tf. keras. optimizers. Adam（learning_rate＝learning_rate），loss＝None）
            rbm. fit（x_train，x_train，epochs＝epochs，batch_size＝batch_size）
            x_train = rbm. predict（x_train）
    def finetune（self，x_train，y_train，learning_rate＝0. 01，epochs＝10，batch_size＝32）：
        model = tf. keras. models. Sequential（）
        ♯ 构建深度信念网络模型
        for rbm in self. rbms：
            model. add（rbm）
        model. add（tf. keras. layers. Dense（self. layer_sizes [−1]，activation＝'softmax'））
        model. compile（optimizer＝tf. keras. optimizers. Adam（learning_rate＝learning_rate），
                loss＝tf. keras. losses. SparseCategoricalCrossentropy（），metrics＝ ['accuracy']）
        model. fit（x_train，y_train，epochs＝epochs，batch_size＝batch_size）
        return model
♯ 定义深度信念网络结构
layer_sizes = [784，256，64，10]
♯ 初始化深度信念网络
dbn = DeepBeliefNetwork（layer_sizes）
♯ 预训练 RBM 层
dbn. pretrain（x_train，learning_rate＝0. 01，epochs＝10，batch_size＝32）
♯ 微调整个 DBN 模型
dbn_model = dbn. finetune（x_train，y_train，learning_rate＝0. 01，epochs＝10，batch_size＝32）
```